花也

铿锵「花木兰」

03-04M
庚子年
总第六十二辑

花也编辑部 编

中国林业出版社
China Forestry Publishing House

铿锵「花木兰」

102

总策划：《花也IFIORI》编辑部

顾问	吴方林　兔毛爹
编委	蔡丸子　马智育　米米mimi-童
出品人	玛格丽特-颜
主编	广广
副主编	小金子
撰稿	优小种　阿雅　蔡丸子　范嵘　范范
	果珍泡泡　锈孩子　柏淼　晚季老师
	玛格丽特-颜　啊鹏　溪桥淡淡烟
	花田小憩　许晓瑛　阿桑　赵芳儿
编辑	石艳　亭子
美术编辑	张婷
校对	林业出版社

商务合作　18068571802

花也合作及支持　中国林业出版社
　　　　　　　　北京花也文化有限公司
　　　　　　　　江苏园艺村
　　　　　　　　《花卉》杂志

看往辑内容及最新手机版本
扫二维码
关注公众号"花也IFIORI"

更多信息关注
新浪官方微博：@花也IFIORI

花也俱乐部 QQ 群号：373467258
投稿信箱：783657476@qq.com

责任编辑｜印芳 邹爱

中国林业出版社·风景园林分社

出版｜中国林业出版社
（100009 北京西城区刘海胡同 7 号）
电话｜010-83143571
印刷｜北京雅昌艺术印刷有限公司
版次｜2020 年 4 月第 1 版
印次｜2020 年 4 月第 1 次印刷
开本｜787mm×1092mm　1/16
印张｜8
字数｜180 千字
定价｜58.00 元

图书在版编目（CIP）数据

花也.铿锵花木兰/花也编辑部编.—北京：
中国林业出版社, 2020.4
ISBN 978-7-5219-0524-3

Ⅰ.①花… Ⅱ.①花… Ⅲ.①花园—园林设计 Ⅳ.
①S68

中国版本图书馆 CIP 数据核字（2020）第 058179 号

Contents

特别策划：铿锵"花木兰" 温柔中的坚毅

彩虹和她的七彩梦	006
一半花艺师，一半甜品师	016
花开燕来黄土坡	022

园艺新品 FRESH
宿根植物　　　　　　　　　　　　　　028

花园 GARDEN
像画画那样创作花园	030
花开未满，泡泡的篱草集	044
从"植物杀手"到园丁的进阶之路	054
园中有家，家中有院	062

花园来客 WILDLIFE
漆姑草　　　　　　　　　　　　　　　068

园丁 GARDENER
方寸之地的园艺乐趣　　　　　　　　　070

园丁日历 GARDEN MEMO
花事提醒　　　　　　　　　　　　　　076

植物 PLANTS
风车茉莉，童话花墙	080
酸酸甜甜浆果"美莓"	084

园艺生活 GARDENING LIFE
密蒙花染艳明春	088
邂逅法式慵懒时光	092
初夏的思念	093
挑叶担花我独醉	094

四季餐桌花艺 SEASONS
春日"萌"动力　　　　　　　　　　　098

采风 COLLECTION
花园因女性而精彩——杰出的女性花园设计师　106

乡村美学 VILLAGE
万物可爱，何止花开　　　　　　　　　116

聆听植物 VOICE
邱园，一座"猎"来的绿色宝库　　　　　120

园艺和教育 PARENTING
从英国的苹果树说起　　　　　　　　　124

铿锵「花木兰」
温柔中的坚毅

辛夷，木兰科落叶乔木

古往今来，花草更多还是和女性联系在一起。女人如花，妩媚多姿，芬芳淡雅。躬耕花园行业的女性也占去了半边天。她们热爱与花的种种，把兴趣爱好变成事业，也因花园找到前行的路，赋予生活新的定义。她们是当代花木兰的真实写照，让我们一起来认识在园艺花艺事业中"铿锵而行"的她们。

《木兰辞》节选

旦辞爷娘去，暮宿黄河边，不闻爷娘唤女声，但闻黄河流水鸣溅溅。
旦辞黄河去，暮至黑山头，不闻爷娘唤女声，但闻燕山胡骑鸣啾啾。
万里赴戎机，关山度若飞。
朔气传金柝，寒光照铁衣。

彩虹和她的七彩梦

文 · 优小种　图 · 彩虹

在斑斓的理想国行走，彩虹说："她只是在不断尝试着人生的无数种可能……"

　　从外贸行业从业者到三华贸易创始人，从 PLANTS DREAM 主理人到威海首届 OPEN GARDEN 开创者，在彩虹的生活轨迹中，"玩跨界"似乎是常态。20 年，她让一个个梦想的种子落地、根植、发芽、成长，在时间的洪荒中，她把日子变得多姿多彩。

彩虹的工作室

不甘安稳，商场乘风破浪

荣格说，30~40岁是一条分割线，之上是顺应社会，之下是顺应自己。在这道命题的选择上，彩虹选择了顺应自己。所以，在30岁这一年，她从威海一家非常不错的外贸企业辞职了，那时的她已经是公司的业务骨干。

在外人看来，这样的选择不能被理解。"我就觉得想做点自己的事，不能这样守着日子过。"这是彩虹辞职时心里的唯一念想，她着手开始创办属于自己的公司。

创业总是自带光环，但过程中的苦只有自己知道。因为缺乏人脉、经验不足，彩虹的公司成立后，一直没"开张"。

"第一单生意真的是苦苦等来的，客户之所以把业务交给我，大概是被我感动了。"接下第一单后，彩虹就瞬间打满了鸡血，开始张罗选面料、裁剪、跟单等，她都亲力亲为，但意外还是出现了：第一单制作的围裙产品邮寄到日本客户手中后，居然"长毛"了，她还因此赔偿了客户不少的费用。但是，这样磕磕绊绊的开启，彩虹也很释怀，"万事开头难，开了头，就慢慢走下去。"

回忆起创业经历，彩虹用"噩梦"来形容过程，跑了很多腿，也经受了许多冷脸，但每一次跌倒、爬起，都让她更有力量。

经过20多年的发展，彩虹的公司逐渐发展壮大，员工也日益增多，在外贸行业打拼出了自己的一方天地。如今，彩虹的公司搬进了威海最繁华的CBD中心。此刻的她站在落地窗前，俯瞰着这个奋斗了近20年的城市，再环顾一下布置得井井有条的办公室，内心却是无比平静的。

"如果说要探究多年来事业成功的秘诀大概就是对每一次机会都百分之百尽心吧！"这是彩虹的答案。

彩虹的花园里有一座童话树屋，是小朋友们的秘密基地

不忘初心，重拾花园梦想

事业上逐步稳定，当脚步可以慢下来的时候，彩虹开始孵化自己的园艺梦想。

园艺天分是写进彩虹基因里的，彩虹最初的花草记忆与爸爸和爷爷种的韭兰、月季、睡莲、栀子花有关。当自己有能力去买房子的时候，特别想回到小时候，又能种菜、种花的地方。

彩虹的树屋花园坐落于威海，在国内的花友圈很有名气。进入花园，立刻就被大榆树上的树屋所吸引，像极了童话故事里森林精灵的住所，那是彩虹的孩子的秘密基地，也是花园里最具标志性的建筑。

和彩虹的事业一样，经过多年的养护，树屋花园一到花季，就是她最挪不动脚的地方。彩虹很偏爱爬山虎，整个房子全被爬山虎覆盖，特别有生机。春天，从一个芽点绽放出一片油绿的叶子；夏天，风吹过，婆婆娑娑声响；秋天，叶子变红，长出紫色的酱果；冬天，则开始慢慢地落叶……

花园生活不是一个人的劳动，而是一家人的劳动。花园忙碌的时候，彩虹夫妇5点就起床，周末的时候，全家老小经常从早晨忙到晚上。

"进了你家的门，就没有闲着的人……"彩虹的妈妈唠叨着女儿，但手里的活儿不曾停下。

经过多年的摸索，彩虹有一套自己的花园生活理论：最自然的花园是要找到自己最舒服的一种方式，来呈现给家人和朋友。这是给自己享受的一个地方。

门廊区的墙面陈设

视野开阔的户外用餐区可以远眺周围美景。

与美相伴，梦想次第开花

因为爱园艺，喜欢跟花园、植物待在一起，这几年的时间里，彩虹一直满世界地看花园，花园对她的影响越来越大。在她和威海玫瑰花园园主燕子姐的倡导下，威海花友圈也成长起来。

2016年她创办了PLANTS DREAM品牌，并且在日本也注册了这家公司，中文名为"植梦"。这是她在对日纺织品进出口贸易之外，开创的新领域，在威海地区首推园艺杂货品牌。

2019年，威海首届OPEN GARDEN在彩虹的主导组织下开展起来，受到威海花友的欢迎。这年年末，在威海花友年会上，PLANTS DREAM春季主打服装"七彩梦"惊艳四座。这个系列产品的设计起源，和彩虹一年来往返中日的双城生活分不开。正是这一年所有的遇见，或直接或间接地给予了PLANTS DREAM这个品牌强韧的成长力量。

这一切是彩虹始料未及，但也是情理之中的。

2018年下半年，彩虹和儿子大福搬到了日本，正式开启了移居生活。

"走出去，去遇见有趣的人，体验不一样的人生。"这是彩虹和儿子

彩虹偏爱爬山虎，房子的外墙被爬山虎覆盖，裹得严严实实的。

的共识。

　　这一年，以一场专业性展会——"日本东京杂货展"开启，作为美好生活品牌的PLANTS DREAM再次参展，不断接收着来自专业领域的思维碰撞。秉承传播美好的理念，PLANTS DREAM的每一次亮相，彩虹都会在细节上较真儿，这股劲儿从没有松懈过。

　　工作日里，儿子上学，彩虹按照时间计划表登门拜访客户；休息日，他们也一刻不停地参加各种活动和观看展览，只要时间和行程允许，他们坚持"一定要在路上"。彩虹说，用脚步去丈量和感知所有的一切，也许对未来还充满迷茫，但心路走着走着就会宽广许多。

　　一年多来，彩虹往返中日30多次，只要回家，就一头扎进小花园里施肥、剪枝、播种，每当看见花草努力绽放的样子，彩虹内心仿佛又积蓄起了新的力量。

　　日本的园艺产业比较发达，由于地理上的便利，闲暇时彩虹总是游走在日本的各个城市街头，找服装面料，寻设计灵感，和这个行业里的专家零距离交流。那些街头店内衣角的摆落、器皿的光色，还有积淀的文化脉络都深深吸引着她。

彩虹与日本艺术家河野 lulu

所有的遇见在冥冥之中或许就是注定的。早在 2018 年，彩虹初次见到河野 lulu 是在日本的东京玫瑰展，当时河野 lulu 画作中明亮的色彩瞬间温暖了彩虹。后来，两人因为志趣相投，彩虹在日本安家后，被多次邀请参加河野 lulu 的个展，她们也探讨了各种合作的可能。

同样深爱着这样明亮的色彩，彩虹的七彩梦从根植到呈现，才这样顺理成章。

一年来在双城时间的穿梭奔跑，彩虹和儿子尽情和一切"美好"相遇，并乐此不疲折腾着。日本口碑极佳的水鞋、腰包等，她进口到国内，让爱园艺的园丁们都能拥有最棒的装备；当然，在一次次交流和碰撞中，很多人知道了 PLANTS DREAM，很多资源和机缘也会因此而聚拢，也因为 PLANTS DREAM，他们知道了它的起源地山东威

PLANTS DREAM 工作室出品的篮子

PLANTS DREAM 帆布包

海。彩虹也期待着，自己能够深深扎根园艺这方热土，让 PLANTS DREAM 更丰富、更美好。

在此过程中，彩虹坚持学习、不断实践。到现在，她还保持着晨读学习的习惯。"希望自己的言传身教是对孩子最好的影响，也希望我们都是彼此生命里最重要的陪伴。"如今，彩虹的大儿子已读研，小儿子跟随她在日本生活，先生也时常往返陪伴。每一次"向着美好出发"都格外真切，但每一次回家，彩虹才觉得是让心回归到心窝窝里，而因此而倍加珍惜。

问彩虹："未来有什么期待？"她想了一下，笑着回答："希望 PLANTS DREAM 的产品能够进驻日本最大的园艺店，在专业领域发出自己的声音……"

时光并不漫长，但梦想美好，未来可期。🌼

PLANTS DREAM 精工细作的园艺系列产品

特别策划 SPECIAL

朋友们眼中的潇雅是一个温柔的女汉子，安安静静，从不张扬、炫耀。看不出她已经是两个孩子的妈妈，神采奕奕，依旧在逐梦的路上昂首阔步。

她始终保持着凡事亲历亲为的作风，每日脚踏实地地度过，在当地经营甜品店HopeYard已进入第八个年头，正式修习花艺也已是第四年。

一半花艺师，一半甜品师

文·阿雅　图·钱潇雅

有人说，甜品是每一位女生无法抗拒的诱惑。又有人说，花是女士优雅气质的体现。烘焙教室 HopeYard 创始人潇雅则把二者融为一体，在她的甜品上"妙手生花"。

潇雅的餐桌布置

不想开花店的甜品师

　　每每去进修,她打趣自己总是少数的那几位从事与花无关事业的人。朋友总会问她,为何不开花店却总是不厌其烦地奔波于世界各地向各位花艺大师拜师学艺?

　　是的,潇雅总是近乎偏执地四处学习与花儿有关的一切,每一年要参加几次花艺课程学习,师从数十位世界花艺大师。

　　说来也巧,入行之时,虽然跟花并无瓜葛,却已与花结下了不解之缘。几乎所有甜品师总是从烘焙开始入行,而潇雅却有所不同。她因为那装饰着精雕细琢的糖花的优雅、英式翻糖蛋糕,爱上了这行甜蜜的事业。年复一年对甜品的钻研与精进中,她似乎总是与花儿有着千丝万缕的联系,这是多么爱着花儿却不自知呢?

　　从用糖花装饰蛋糕到豆沙花、奶油霜裱花、手工黏土花、糯米纸花,潇雅痴迷于用花儿装饰她的蛋糕和甜品,渐渐地,她学会如何用花儿与甜品呈现自己想表达的东西。久而久之,发现与花相伴的日子,竟是如此难以令人割舍。

　　"为什么不直接学习花艺呢?"既然花儿能赋予甜品如此独一无二的灵魂与气质,何不好好地修习一番呢?她问自己。

　　于是,四年前潇雅第一次踏上了进修花艺的旅途,韩国、日本、英国、法国……从此一发不可收拾,凭着对花的爱与勇气,以美的名义她让自己任性了一回又一回。时至今日,作为甜品师,潇雅持有的花艺证书数量已超过了甜品的相关证书,朋友们总是看着墙上的证书发愣:"你也卖花吗?"她只是笑着摇摇头。

与鲜花结合的蛋糕创作

重新思考甜与美的关系

2017年，潇雅研发的使用鲜花装饰的加高戚风蛋糕突然在网上火了起来，在同行朋友们的一再敦促下，"HopeYard 后院烘焙教室"创立了。潇雅希望将花儿的美好带给烘焙圈的朋友们，希望更多的朋友在一花一草中看到花儿与甜品的融合。

与花儿相伴的日子是一种生活方式，同时也是一门艺术，学遍花艺圈的潇雅开始尝试将这种技术间的融合延伸到蛋糕盒以外。甜品间的组合是甜品台，花儿的堆砌可以成为鲜花布置，二者都是派对布置的常见元素，然而即使一起出现，它们往往也是各自呈现自己的美，无法相互加分。既然如此，就让花儿与甜品融合在一起吧。她发现用心倾注将花儿融于甜品台中能绽放出不同神采的奥妙，餐桌上、背景里，花儿与甜品如影随形。

一期一会不只仅限于茶道，之于花儿亦然。潇雅视每一场布置如掌上明珠，像对待自己孩子一般去用心雕琢每处细节。当人们在尽可能地追逐手法上的繁复、选材上的极致之时，潇雅发现抛开这些，好的搭配与组合才是呈现卓越效果的基础。

为此，她不停地到盛开着最美的花儿的地方去学习、去欣赏、去感受。退隐的花艺大师总是津津乐道于他们读到的见解，隐于市的花境主人熟知其中每一片花与叶的相交，与人们一同拥挤在切尔西花展的一花一草间，在学习与发现的过程中坚定地认识到——花儿的艺术永远不是简单的堆砌，从鲜花到所创造的作品，若只能实现简单的1+1=2的效果，这无疑是对花儿们的浪费。

将甜蜜的事业进行到底

无论是养花或是做插花，我们的巧手所得永远应赋予花儿更多的东西，甚至于一个故事，又或新的灵魂。美好的事物总会在延伸中交汇，当它们水乳交融之后，所有的呈现都将弥散着美的气息。

潇雅化身成日与花为伴的甜品师，花儿是呈现那些美好而甜蜜之物的独特形式。为了传递甜美的新定义，她将不遗余力地坚持下去。她始终相信，每一种植物都有着它独一无二的魅力，每一款甜品也有着它们无法被取代的动人香醇。当你理解了它们，并将它们融合在一起，你将发现全新的至美至物。

现在的潇雅每天仍安排得满满的，初心不改，执着依旧。HopeYard后院烘焙教室迎来送往一批又一批学员，主要的学习内容和花息息相关：有结合鲜花、甜品、餐桌与气球技巧的派对布置；有用鲜花以及一系列手工配件装饰的加高戚风蛋糕；也有可以陈列展示许多年的手工制作仿真英式糖花蛋糕。在"后院"学员们的想象力被调动起来，开阔的思维照亮前方的路。

随着日常业务的不断拓展，潇雅原有的工作室空间已无法容下更多她所爱的关于陈列与花儿的东西了，很多想呈现的东西也没有办法加入进来。于是她又寻了一处幽静的地方，拿下几间商铺，找了一位崇拜已久的设计师做整体设计。她相信，花儿与甜食一定能在合规的基础上融和出超乎预期的充满爱与美的空间形态。这份答卷即将在今年的7月揭晓，让我们拭目以待。

特别策划 SPECIAL

花开燕来黄土坡

文·蔡丸子　图·燕子

提到延安，你会想起什么？白羊肚子手巾和红腰带？贫穷的黄土高坡和干旱的田野？从没去过那里，也不会将延安和花园联系在一起，可是土生土长的燕子姐硬是把花园的种子播在了家乡的土地上，生根发芽，引来八方宾客。

　　大多数人并不认识燕子姐,她的花园偏安一隅,地处"花园极不发达地区"。如果说起她就是和《花也》第55辑封面人物了了一起开垦建设新花园的人,或许有助于对她的认识。燕子姐是土生土长的延安人,她在家乡有一座用窑洞改建的民宿,名曰"燕子花舍"。虽然花园并没有欧式花园的豪奢,但也展现出当地花园独特的气质,是个回归淳朴的好去处。

　　问她,为什么想到在自己的民宿设计花园呢?

　　她答:因为从小在一个花园一样的院子里长大。多年以后,院子被拆,院子里那个喜欢种花的妈妈离她而去,在城市里打拼多年的她,总想回到那个充满回忆、充满母爱的院子,一个花园梦渐渐清晰起来,挥散不去。

燕子姐和《花也》第55辑封面人物了了

重返小时候

不喜欢在城市待的燕子姐,没事就喜欢往农村跑。2016年的冬天,她在佛道坪的时候,脚步不由地停了下来。这里是花木兰的故乡,农家的院子看着十分亲切,好像自己小时候住过的院子。于是,燕子姐在这里落下了脚,开始了为期一年的打造计划。改造窑洞,设计花园,许是以前有过这些想法吧,每到一处都很自然地想到应该打造成什么样子,好像早已在心里酝酿了许久,此时全部实现了。

燕子姐改建窑洞,窗户换上自己小时候住过的一模一样的木格子,窗帘和被褥等都用小时候奶奶织的那种粗布。前几年拆迁,她正好收集了好多旧时的手绘瓦罐、手绘油漆上百年的柜子,如今一件一件摆在窑洞里。瓦罐里种了月季,花柜子上摆着有时代印记的青花瓷碗。入住的客人们纷纷表示看见这些老物件就像回到了过去。燕子姐的努力得到了大家的认可。

窑洞以外是花园

但最让燕子姐费心的其实是窑洞外的花园建设。众所周知,大多数花园需要依托于周边的建筑而生。窑洞和花园如何搭配、如何相互衬托彰显

是需要特别用心的地方，也就是我们常说的"接地气，顺应自然"。燕子花舍两亩多的地，除了九孔窑洞的占地，其他地方都被燕子姐拿来打造花园了。她在花园中首先设计了能让大家纳凉的花园凉亭、葡萄架、紫藤架，又种上了自己喜欢的月季、绣球，还有各种香草。植物品种虽然很多来自国外，但水景是她收集的小磨盘和石槽打造而成，成为院子的点睛之笔。

燕子姐的花园会根据时节种上不同的鲜花和各种瓜果蔬菜，院子里还有一棵梨树和一棵野樱桃树，每年樱桃成熟的季节，那红得像玛瑙一样的果实酸酸甜甜的，燕子姐拿它做果酱。樱桃酱是她最拿手的，尝过的朋友都爱那个味儿。

燕子姐的花园梦里有阳光房的一席之地。陕北的冬天很冷，她一定要建一个阳光房给植物、给自己一个过冬的地方。宽敞明亮的阳光房落成后，一到冬季这里便是文艺青年最喜欢的去处，大家喜欢在这里吟诗作画、抚琴、品茶、开花艺讲座，各种活动轮番上演。阳光房里好不热闹，俨然成为冬天里的春天。

燕子花舍也是她发挥各项才能爱好的一个集合体。燕子姐不仅爱种花，也爱做各种美食。陕北当地有各种特色的本土植物花草，她会把这些花草

运用到美食制作当中。腊月正是吃羊肉的时候，陕北满山遍野的百里香被当地人称之为"地椒草"，从小吃这种草长大的羊肉质鲜美，不膻不腥。秋天燕子姐会采摘好多这种香草，储存到冬天用来炖羊肉。地椒草调味的烤羊排味道也美极了。春节陕北当地有蒸花馍、制作年糕的习俗，会用梳子压、剪刀剪出花馍的花纹，用豆子或者花椒籽做小动物的眼睛。而燕子姐会用指甲草（凤仙花）的花朵捣成汁来给花馍染色。听说过用指甲花染指甲，还是第一次听说用指甲花染食物。燕子姐擅长发掘身边的植物，她在山上发现一种植物开的花像小松果一样，一查原来是啤酒花，于是挖回去一株种在阳光房的一角，一年时间啤酒花藤就爬上了房顶，燕子姐被它的攀爬能力所折服。

听燕子姐讲述在陕北延安的花园生活和趣事，不再觉得窑洞是干巴巴的住宿，那里的日子经营得活色生香。难怪燕子姐总爱笑，常与花为伴，其乐无穷，看到亲手播的种子发芽长大，一直到开花，心里涌出甘甜的泉水。

燕子花舍不仅带来了城市的客人，也带动村子周边十多户村民共同致富。村民们改变观念种植有机蔬菜，农户

在自家院里种花种树美化居住环境。客人吃到无公害的蔬菜,享受到真正的田园生活,这就是燕子姐,一名心地淳朴、实干的女性所传播的正能量。

积极向上的燕子姐正在酝酿她的下一座大花园,她说:一旦爱上花园,永远觉得现在的花园太小了,不够折腾。花园是一个充满无数个好奇的组成,植物有无限的可能,等待有心人去发现,去了解,去试种,大概这也是每一位爱花人悟出的感想。怀揣梦想、勇往直前,静等燕子姐下一个花园的诞生。

燕子花舍信息:

民宿花园特点: 燕子花舍占地 $600m^2$,由九孔陕北特色窑洞和现代花园共同组成,是陕北地区首家花园式民宿。

房间特色: 依托窑洞背景搭建具有陕北特色元素(红灯笼、陕北拱形窑洞、百年历史的收纳箱柜、瓦罐、布堆画、辣椒玉米挂串等)设计风格的住宿,让游客们来到燕子花舍既可以体验陕北特色窑洞,又可以在花的海洋中慢下脚步来。

预定方式: 13909115597(微信)、携程、美团、大众点评等(搜索延安燕子花舍精品民宿)

价格: 228~388元。

周边景点: 延安万花山景区(花木兰的故乡)、甘泉雨岔大峡谷、宝塔山、杨家岭、王家坪革命纪念馆、枣园革命旧址等。

园艺新品 FRESH

宿根植物

技术支持·孙磊（虹越花卉）

万寿竹'月光曲'
Disporum cantoniense 'Moonlight'

叶片如油画般美丽，奶白色和绿色相互交融，油亮的叶色让花园更加鲜亮。枝条自然弯曲，呈拱形，线条感出众。

成熟株高：45~60cm
成熟冠幅：45~60cm
叶色：复色（绿色和奶白色）
自然花期：4~5 月
光照：直射光 4~6h，喜半阴
越冬温度：耐寒区 7~9 区（-15℃以上），落叶

万寿竹'月光曲'

莨力花'粉天使'
Acanthus 'Tasmanian Angel'

叶片深裂，叶色斑斓，叶片上有奶白色白边或喷点。穗状花序，开奶油色花，苞片呈粉色，花形奇特。

成熟株高：120~150cm
成熟冠幅：90~120cm
花色：粉色、奶白色
自然花期：6~7 月
光照：直射光 4~6h 以上，喜半阴
越冬温度：耐寒区 7~10 区（-15℃以上），常绿至半常绿

莨力花'粉天使'

小花葱
Allium senescens

小花葱拥有花园里不多见的球形花，圆鼓鼓的脑袋，够粉嫩，够可爱。炎炎夏日也阻挡不了它开花。越过冬夏，梅雨也不怕。新上市的品种有小花葱'彗星迷踪'（'In Orbit'）、小花葱'夏日美人'（'Summer Beauty'）、小花葱'蓝色漩涡'（'Blue Eddy'）。

成熟株高：20~30cm/30~45cm
成熟冠幅：20~30cm
花色：淡紫粉色／紫粉色
自然花期：7~8 月
光照：直射光 6h 以上
越冬温度：耐寒区 4~9 区（-30℃以上），落叶

小花葱'夏日美人'

蔓长春
Vinca minor

蔓长春花犹如花毯，微旋的花瓣吹起日渐温暖的春意。早春开花最为繁盛，可与春季球根做伴。极耐寒，夏季喜凉爽。引进的新品种有蔓长春'蓝天使'（'Ralph Shugert'）、蔓长春'卡西尔'（'Cahill'）、蔓长春'紫美人'（'Atropurpurea'）、蔓长春'伊芙琳'（'Evelyn'）。

成熟株高：10~20cm
成熟冠幅：45~60cm
花色：淡蓝色／淡蓝紫色／紫红色／白色
自然花期：4~10 月
光照：直射光 2h 以上，耐阴
越冬温度：耐寒区 3~9 区（-35℃以上），常绿

蔓长春'伊芙琳'

赛靛花
Baptisia

是一款比羽扇豆更强的豆豆花。极耐寒、耐湿热，轻松越夏越冬。成年后的开花效果会让你的花园足够震撼。新上市的品种有赛靛花'南极光'（Baptisia australis）、赛靛花'蓝莓派'（'Blueberry Sundae'）、赛靛花'葡萄太妃糖'（'Grape Taffy'）、赛靛花'日晕'（'Solar Flare'）、赛靛花'香草奶油'（'Vanilla Cream'）。

成熟株高：90~120cm/80~100cm
成熟冠幅：90~120cm/80~100cm
花色：淡蓝紫色 / 蓝紫色 / 棕紫色 / 橙色至黄色渐变 / 黄白色
自然花期：4~5 月
光照：直射光 4h 以上
越冬温度：耐寒区 4~9 区（-30℃以上），落叶

赛靛花'柠檬糖霜'

多花玉竹'银纹'
Polygonatum multiflorum 'Variegatum'

玉竹枝条细长，自然弯拂，花园线条美感出众，异域风情扑面而来。开花时，玉坠般的小花飘悬在花叶丛中，甚为梦幻。

成熟株高：45~60cm
成熟冠幅：45~60cm
花色：白玉色
自然花期：4~5 月
光照：直射光 2~6h，耐阴
越冬温度：耐寒区 4~9 区（-30℃以上），落叶

多花玉竹'银纹'

苔草'金色发丝'
Carex oshimensis 'Everillo'

苔草"金色发丝"是一个自然芽变品种，叶色闪亮而有光泽，自然弯垂，在长江流域也具有非常好的生长表现。

自然花期：3~4 月
花色：棕色
叶色：黄色、绿色
成熟株高：30~40cm
成熟冠幅：60~90cm
光照条件：直射光 4~6h
越冬温度：耐寒区 5~9（-25℃以上），常绿

苔草'金色发丝'

岩白菜
Bergenia

岩白菜叶片光亮，坚挺有力，四季常绿，冬季叶色渐红。岩白菜耐寒，适合半日照的种植环境。开花成丛，生长强健，第二年花量翻番。新品种有岩白菜'樱吹雪'（'Sakura'）、岩白菜'调酒师'（'Flirt'）、岩白菜'冰雪女王'（'Ice Queen'）。

自然花期：3~4 月
花色：桃粉色
叶色：绿色、冬季暗红色
成熟株高：30~45cm
成熟冠幅：30~45cm
光照条件：直射光 4h 以上
越冬温度：耐寒区 5~9（-25℃以上），常绿

岩白菜'调酒师'

像画画那样创作花园

文 · 范嵘　图 · 范嵘、玛格丽特

地　　点：江苏苏州

花园类型：小型城市花园

花园面积：80 平方米

每个人的花园都是一幅画,园丁就是创造它的画家。我有一个小小的花园,随着季节变换呈现不同场景,就像一卷卷有生命的画作,聆听那时的风,诉说当时的心情。

秋天有着丰富深沉的色彩，冬日萧瑟中兀自绽放的一树蜡梅自有味道

前院的入口

一直以来,我都相信自己爱养花与祖父的遗传基因有关。老宅的大天井曾经是祖父种满月季、牡丹的花园,画眉、绣眼在这里婉转啼鸣。祖父善丹青,尤擅花鸟。种花养鸟,使他的画作更为传神。

心无旁骛的花园时光

我的小花园面朝西南,背靠家里的外墙,左右与邻家隔着矮墙,前方是贯穿小区的一条小溪。三分之二的面积铺设了木地板,其余不多的土地塞满了各种我喜爱的植物:绣球、木香、月季、绣线菊、铁线莲、三角梅、白娟梅以及各种球根,还有各色的观叶植物,矾根、南天竹、绿杉、香松等,构成色彩丰富的陪衬;宿根植物滨菊、落新妇、玉簪、荷兰菊、龙胆等,则会在蛰伏后给我带来不一样的惊喜。

我守在花园里除草、施肥、修剪,看绣球、月季爆发出亮泽的新芽,铁线莲冒出无数毛茸茸的新叶和花苞。整个冬都在开花的石竹又萌发出无数新芽,数月前下地的木香此时密密的花蕾已布满枝头,今年的花开一定会更壮观吧?去年太晚做的蓝雪花棒棒糖才爬到球里,今天重新绑扎,撸去侧芽,等待夏天的惊喜。

忙碌中抬眼望向春日暖阳下靓丽妩媚的洋水仙,让我想起童年时光,那个扎着小辫、蹦跳着穿过弄堂的小女孩。

彼时,在她心中大概没有什么能比邻家那个带画室的小花园更有吸引力的了。分明还记得那卵石铺就的小径、太湖石的假山、花池的丝带草里卧着绿釉的瓷青蛙,大水缸里红色金鱼幽幽摆尾。那是十年浩劫刚刚结束的年代,物质匮乏,生活粗陋,这几十平米的小院却如此超脱凡尘。

就像此时,我正坐在自家的小花园里捧一杯茶,闻着花香,忘却院外的焦虑,与花草为伴,感受生活的精彩。然而早两年以前,我的花园并不是现在这个样子……

有些花需要搬去半阴的地方，有些则喜欢暴晒，如何高低错落、疏密有致地摆放不同色彩和花器的植物，正如构思一幅画的布局和色彩。所以搬花盆就成了日常的功课。

填土造园，我是看官

当时三分之一的土地是低于木地板50、60cm的绿化带，除去灌木以外，一棵巨大的杨梅树树冠覆盖了小院一半的面积。迫于时间仓促，工作压力特别大，无奈之下我将造园的工作交给园艺公司。他们的两条建设性意见，至今我都觉得明智。第一，杨梅树必须舍弃，否则任何种植都是空谈；第二，填土抬高地基，利用仅有的三分之一土地做花境。3月雨季的填土作业过程艰苦，整卡车的泥土需要人工一点点抬进院子。沿着小溪的那一边，工人要用一根根木桩钉入地下做成围栏才能包围住。不过园艺公司的花境布局遵循固有的传统造园理念，将土地的大半做成花境，小半部分留做草坪。花境布置了大花绣球、绣线菊、玉簪，还有蜡梅、紫玉兰、黄杨、凌霄、羽毛枫等。与左邻右舍相隔的白色矮墙则用错落的竹篱笆做了围挡。那时对于既没有经验又没有时间的我来说，全部种满已然心花怒放。

请木工做了阶梯式的花台，考虑到空间受限造成的局促感，我选择用一面装饰镜来制造空间感。花台上高低摆放着修剪成型的松柏类植物，加之镜中的影像，形成美妙的秩序感。镜中折射的景象也因四季更迭而不断变化，这处区域成为我花园里舞台式的存在。

转变风格，亲自上阵

2019年3月，一个阳光灿烂的春日周末，我闲逛到一家园艺杂货店，里面有很多稀有的进口植物品种、琳琅的杂货，各种做旧的花架、摆设营造的是场景式的购物氛围。那次不经意间的偶遇使我石破天惊般觉悟。原来，仅靠买一些盛开的花根本谈不上园艺，欧式花园的架构，除了风格一致的杂货、盆器，重点需要规划与之匹配的植物品种和背景。于是我痛下决心，谋划着花园的改造。自此，花园真正开始注入我自己的灵魂。

我用白色的网格加木片代替三年风吹日晒已经开始腐烂的竹篱笆，形状、尺寸全是自己手绘给工人的。顿时欧式风代替了村野风。从一个花友那得到灵感，我把旧木市场淘得的旧木门窗刷上蒂芙尼蓝镶嵌其中，打破大片白色的单调，从视觉上缔造出空间的延伸感。大片土黄色的水泥外墙显得有些碍眼，我便冒出大胆的想法：把土黄色水泥墙改造成一个美式木屋的外立面，色彩选用蓝白搭配。先生此时也开始对我刮目相看，伸出援手，这面精彩的蓝白色系装饰墙是工人按他手绘在墙上的效果图做出来的。

一直觉得规整的日本麦冬和木地板的分界线显得过于呆板，为了弱化人为的痕迹，打造植物自由生长的感觉，我利用10cm的高低落差用大卵石围砌出一小片花境，密密麻麻地种了欧洲木绣球、矾根、南天竹、马兰、龙胆、皮球柏、绿杉、蓝目菊、满天星、虞美人等。没过多久，很多匍匐类植物如佛甲草、虎耳、香雪球、薄荷，蜿蜒地覆盖了木地板的边缘线，并沿着石缝伸展，完美达到预期效果。

调整色彩，精益求精

看过很多经典的花园案例，大片的草坪、流水淙淙的鱼池、烂漫的花墙、相得益彰的建筑……每个花园，因朝向、面积、纬度、园丁的审美和追求，而呈现出独一无二的样子。鉴于我的情况，必须因地制宜，在有限的空间基础上全面考虑光照、通风、高低、疏密、品种和色彩，体现花园鲜明的个性。因此，2020年初春我开始了第三阶段的调整。

百花齐放难免姹紫嫣红，色彩一多容易显得小空间杂乱无章。相比之下，和谐的冷色调制造出的安静氛围对我有强烈的吸引力，所以开艳丽橙色花且根系侵占性太强的凌霄首先被我挖掉，代之以安静的木香。我不喜欢紫玉兰的颜色，嫌它遮挡阳光，它也被狠心挪走了。去年刚做的白色背景墙也让我觉得越来越不安，雪亮的白色永远无法退后，违背了画画的基本原则，特别是在阳光照耀下，白得刺眼，反而衬得花色暗淡。我用丙烯颜料调成理想的蓝灰色，这种沉稳的冷色调让花园色彩在视觉上更为统一，背景色自然而然地隐退。蒂芙尼蓝调门窗也由此改为蓝灰色。

羽毛枫始终和我要的风格不协调，我用欧洲木绣球取代了它的位置。日式风格的黄杨也被移走了，这样去年种下的铁线莲和小木槿棒棒糖可以舒展些，下部空间是德国鸢尾和大花葱的位置。

修修整整，调调改改，在园艺的世界里，我不断地审视和修正，也在调整的过程中获得了巨大的乐趣和成就感。不仅学到种植，也精进了摄影技术，感悟良多。园艺是一门综合的艺术，值得你一生拥有。

花园四时色调明亮，季节的启幕落幕间流露出花园主人的用心搭配

且把花园当画作

大学时期我进修的染织美术设计专业，当年学习设计丝绸纹样是为丝绸印染行业服务的，如今这个行业几乎不复存在，但纹样设计的惯性思维和审美方式渗透到我的思维中。在丝绸图案设计中，花卉是一项重要课题，讲究"花"和"地"的处理，即主体和陪衬之间的关系。花园规划中，我们好像在用植物作画，与一般绘画有所区别的是：

园艺是善变的画面。植物随着季节变化，从萌发、鼎盛到衰败，不会按你的预期保持不变。这也正是园艺的魅力所在——有急不来的期盼，也有留不住的灿烂。

园艺是立体的画面。在植物的选择中不仅要考虑到俯视的色彩搭配，如佛甲草明亮的草绿色、马兰的黑紫色、南天竹的火红色……也要照顾到平视的高低错落、疏密宽窄。既要有集中，也要有留白。既要有匍匐、低矮的，也要有高大的。

园艺是有生命的画面。植物有各自的生长习性，对温度、日照、湿度的需求各不相同，不能一厢情愿地把"志趣"不相投的品种放在一起。

园艺是岁月的画面。园艺无法一蹴而就，无论你多么愿意花钱、下工夫，刚栽下的一定不会即刻自然地融入。假以时日藤蔓才会缠绕廊架，鲜花才会开满拱门，苔藓才会爬满步石，请给予耐心等待。

三楼的小阳光房,冬天怕冷的植物会被搬到里面

过道里堆满了绿植,废弃的钢琴成了艺术摆件

花园女主人范嵘

花开未满，泡泡的篱草集

文／图 · 果珍泡泡

没有深宅大院一样寄情草木，没有奇花异草一样安之若素。不贪盈满，不恋奢靡，空而有物，从而心生欢喜，亦是一种境界。哪怕只有屋顶一方、阳台半间，若有心，依旧可以长出花园，风景独好。

地　　点：江苏无锡

花园类型：屋顶花园

花园面积：12平方米

　　从孩童时期开始我就和哥哥独自在家,父母不在身边,我就像一棵缺少养分的植物,从小就比别的孩子长得小。虽然学习成绩优异,但这些并没有给我带来足够的自信,我不爱说话,总觉得自己非常渺小,一走进人群就会被淹没。

人生中的两个幸运

但是我遇到了两个治愈我的人和事物。一个是我的先生,一个是植物,喜欢一个人和狂热地执着于一件事,一定是因为那能给你带来快乐。上初三的时候我遇到了我的先生,他因为一场病休学一年来到了我们班,他总说他是为了等我才生的那场病。

先生是一个温暖的人,总能春风化雨,在下一秒让我快乐起来。春天樱花开的时候,我穿了一件写有"1980"字样的卫衣,他对我说:冒充八零后啊,装成熟啊,明明就是个九零后嘛。我以为他会说我装嫩,因为我明明就是一个七零后啊!他一直都是我的心理疗愈师,潜移默化地强大我脆弱的心理建设。

我喜欢种花,春天发芽,万物吐新,总能给人带来生生不息的希望。因为园艺,我从微博上认识了许多全国各地的花友。我曾经有一段时间住在乡下的老房子里,因为接着地气,我种的欧洲月季和铁线莲几乎开满了院子的围墙,加上我拍的照片比较清新,那个花园一下子让我被许许多多的花友喜欢,不善言辞的人忽然间打开了另一扇和这个世界沟通的窗户。从小父母不在身边缺爱的孩子,那种被人喜欢的感觉让我变得越来越开朗。我也慢慢地从网络世界走到人群中去,和花友们面对面的交流,遇到心意善良又美好的人和事。

屋顶上的如花在野

我的露台花园非常小，只有十几个平方，恨不得向天再借五百平。幸运的是露台上有一个斜顶屋面，我和先生就亲自动手借山而居，沿着屋顶打龙骨，营造一个三层高低错落的植物种植区。后来实践证明上楼的植物真是托了上风上水的福，长得最为茂盛。为了避免容器花园的生硬堆砌感，我基本上都是把植物种植在大型的长条形花盆里再进行花境的组合搭配，打造如花在野的自然系花园氛围。边缘种植垂蔓性较好的花卉能够很好地把盆器遮挡住，形成和地面自然过渡的植物连接。

我特别喜欢白色系的花，觉得它们是江南冬天没有落下的雪，开在了春天。阳光房的门口，风车茉莉会在5月初开出白色的小花，散发出淡淡的清香，微风拂过那些细细碎碎的小花会在光影中倚着墙飘逸灵动。到了冬天，它的叶子会被风霜染红，弥补冬日花园的萧瑟。花园虽然小，但是因为露台上的采光和通风非常好，即使我疏于打理，甚少施肥，外围网格上攀缘着的铁线莲依然是花园里从早春到暮秋开得最欢快不知疲倦的花仙子。它们都在阳光下俏皮地向外探着脑袋，努力开出一片花墙给前面的邻居看。像山桃草和天蓝鼠尾草这种高挑纤细的植物是花园里的气质担当，它们在花丛中随风摇曳的身姿能让人的心情舒缓下来，想静静地站在它面前做一个放松自我的深呼吸。每天清晨第一缕阳光会打在阳光房西面的墙上，冬天的周末，我喜欢在这里发一会儿呆，看着阳光来布道，光影魔术师会触动这里的每一个生长因子，真想和你们一起长大长高呀。

小满即安，知足常乐

  相比逃离城市，我更愿意打造一个远方般舒适的家。生活中大多数定居城市的人住的房子都没有花园，只有一个阳台，能有一个露台已算奢侈。作为上班族来说，打理花草的时间有限，这处小天地早已满足我的园艺热情。花园应该是人愉悦自我轻松生活的日常，我非常地克制，不把空间塞满，喜欢有留白的空间。二十四节气中我最喜欢小满，这两个字充满了中国诗词的灵气，也很富有哲学的深意。沉浸在小小的满足里，不因为一份喜欢而把自己累着，小养怡情。尽量种植一个月不浇水都没事的多肉植物和宿根类的懒人植物，不追新猎奇，花园里只对的植物在它对的位置。好养易活的花草在我这里都是宝贝，但是我会精心挑选一些别致的花器，更多地注重花器与植物、植物与空间、色彩之间的搭配，力求冷静、克制，遵循 less is more（少即是多）的原则。有花园的时候我根本不待见多肉植物，成为阳台族之后由于空间有限，我发现多肉植物简直就是我的治愈系，尤其冬天它们那粉扑扑红彤彤的样子简直萌化了。俯仰之间的宁静自在人心，哪怕只有一个窗台，一盆小绿植，一瓶随意的插花也能给生活增添一份盎然生机。

  我种的花儿常常开得并不茂盛，施肥也比较随心，朋友们戏称我是佛系种花。而我则喜欢它们疏朗有致、肆意生长的样子。春天长在花盆里的杂草我都不舍得拔掉，喜欢看它们一簇簇、小小的花朵兀自开成一片小小的花海，拥有自己的春天，就像小小的我一样拥有自己的小宇宙。如果你的心是宁静的，几株疏影都是一幅赏心悦目的画卷，十几平方米和几百平方米，看的是一样的云朵在天，晚红如醉。所以哪怕只有一方阳台，也要把眼前的烟火气打理出属于每一个当下的春暖花开。

从「植物杀手」到园丁的进阶之路

文/图·范范

本想养一屋子花足矣,一不小心打理了一座花园,实现了「切花自由」不说,阳光下草地上野餐、孩子奔跑嬉戏,小猫慵懒闲卧。花园给你改变生活的契机,结局是好是坏,关键在于你如何把握。

我叫范范,大学毕业那会儿的QQ空间上曾写着自己对未来生活的期许:想过养一只狗,一屋花的生活。后来养狗的愿望终被养猫所取代,养一屋子花的梦想超预期实现,被一个可爱的花园所代替。在写下那段话之后的十多年,在自己退休以前,超前拥抱了想要的生活,每每想到此处,都会令我按捺不住窃喜,笑出声来。

地　　点:四川成都
花园类型:住宅花园
花园面积:100平方米

卧室外的小路装修前　　　　　　卧室外的小路

花园是一盘棋

在郊区购置一套一楼带花园的房子，可能在一些地区不算太难的事，我身边的同龄人有人一咬牙也就买了。可是有了花园的条件不等同于能拥有一个维护得体的漂亮花园。比起花园给你带来的福利和享受，相对等的付出也很考验人。夏日的蚊虫、潮湿、不断的折腾、没玩没了的琐碎，迫使你向自己发出灵魂拷问："植物杀手"真的配拥有花园吗？我造得出"别人家"花园的样子吗？意志稍一薄弱，前功尽弃，花园的梦想就此作罢。

比起在花园地里弯腰刨土，躺在沙发上"刷"微博多安逸啊。翻到微博上"别人家"的花园，羡艳得要命，复燃起搁浅的花园梦，然后又被现实逼迫得放弃，循环往复，举棋不定，这样对花园的打造一点好处没有。

所以，想成为一名园丁，不是仅对花园成果的热爱那么简单。玩花园就请做好接受失败和经历挫折的心理准备，从一粒种子到一片嫩叶，从一块根茎到长成"开花机器"，从一棵小苗到开满墙的蓬勃，从一路烂泥到夹道欢迎的花境，你将要见证的总会超乎想象。

结局扑朔迷离的花园正是令人着迷之处。那些在你后腰堆积的乳酸，指甲缝里残留怎么也洗不干净的泥土，都会让你对在花园里埋下的伏笔满心期待，自行脑补出繁花似锦的情景。届时你会像被施了咒语一般，为脑海中所描绘的蓝图而动用工具。电锯、电钻、钉枪，从未想过自己能用得如此熟练；钉耙、锄头、铲子，从此每日离不开它们的陪伴；木工、泥水匠、油漆工，全是属于自己的新标签，进阶全能达人。

看看花园作用在我们身上的变化。那我的花园又是如何让养成的呢？

比养一屋子花更令人兴奋地是实现了切花自由。

浪漫的花园生活。

园丁养成之路

  我的花园形成始于我的职业生涯。起初因为做花艺，开了自己的花艺工作室，在工作室外连带一个100平方米的平台，那便是我花园的雏形。后来拓展事业做了摄影培训的我阅览了太多图片，灵感自然而然地就在我心里落下了根。我对花园的喜爱与日俱增，感到这份爱可以战胜其他一切困难。毕竟工作室是租来的，我闲暇时间一直在物色房子，最后才找到这套一楼附带100平方米院子的房子，坚定决心从市中心搬到市郊，为新花园的开辟创造了条件。

  我想，即便再苦再难我也要咬牙忍一忍，活成自己想要的样子，而非找一大堆理由来消耗真正的自己。

  刚拿到花园的时候满是杂草，我根据自己的想象设计了花园的图纸。操作上80%由自己和朋友动手完成。鉴于花园是一个正方形，中间有一块公共区域，我在公共区域用防腐木围起来做成月季墙，靠房子一圈做了防腐木的木地台和玻璃顶。初具规模的花园在初春略显荒凉，我把工作室的种球盆摘移过来点缀它。

  舒适的花园需要做分区规划，根

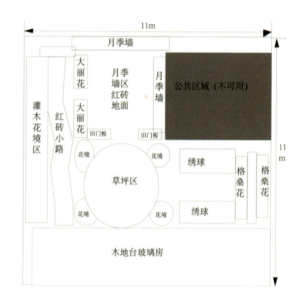

据自己不成熟的想法,我把花园分为四个区域。

1. 由卧室延伸出的花园小径

一条10m长的小路直接通往拱门和椅子陈设的区域。铺小路时我用的红砖材质,不足之处在于小路过于笔直,下次改进时可能需要改变其形状,曲径通幽才耐看。我撒了很多草花,角堇可以一直爆花到7月。栀子花和黄角兰的香气萦绕良久,陪伴我夏夜坐在椅子上歇凉。在小路的右手边是月季和大丽花阵营,再往远处就是月季花墙区域。后来椅子后面的月季花开得太旺盛了,以至于影响到我无法落座,真是实力"占座"。飞燕草和毛地黄剪了花序还可以二次开花,可以成多头,对于花园高低的层次拉伸也是很好的植物选择。女儿在小路边上种了草莓,吃起来不甜,但是点缀了我的花园。

植物与杂货的唯美搭配。

2. 月季墙前的就餐区

  月季墙最初是绿色的围挡,和我选的色差相去甚远,实在看不下去了只好买来白漆自己动手涂刷。那时候月季已经枝叶丰满,我硬是爬上梯子站在刺丛中刷上了白漆,现在回想起来还挺佩服自己的勇气。后来我又在这块区域架起门板作为隔断,门板用月季等各种粉色的花包围,另一边用的是铁艺栅栏,铁艺栅栏前面种了大丽花。大丽花不愧为"花神",除了容易倒伏没有其他问题,我用了两层栅栏进行打围。

3. 一定要有块草坪区

我喜欢草坪，在国外花园图片里不止一次见到它们，好似给户外空间铺了绿油油、软绵绵的毯子。在现有基础上，我准备将所有红砖区拆掉，全部改用草坪。推荐台湾2号这个品种的草，不太长，又长得快，不用打理，可以踩踏。铺草坪首先要确保地面平整，打好基础，不然走在上面会有凹凸感。我的草坪区域大概占地12平方米，四周做了小花境，撒播的草花们不负所望持续开花。

4. 走廊外的绣球花丛

去年的绣球开得并不理想，可能是我修剪不得当造成的缘故，期待今年能有好的结果。从厨房出来的平台走廊上看出去，绣球花丛的景致还是很美的，我收了些旧门板进行隔断。今年小木屋的落成绝对是花园里的大纪事，钢结构的小木屋用防腐木打围，同样刷成白色，我淘的旧木窗在木屋安了家，拥有小白窗的愿望也实现了。现在的我不再奢求更多，安心享受当下的状态。下午茶、草坪小野餐、夕阳中的晚餐、剪花插花，花园生活有滋有味。别看照片里的我过着贵妇般的生活，现实中我是撅起屁股拔草的农妇，花园成果是我日复一日的积累。有朋友说，种花就是种下希望，每天用目光滋养它们，看它们每天的变化。我说，花园从来不辜负有心人，用心就会花开。

新近落成的小木屋里可以有无数种组搭造型的可能,拍出更多漂亮的片子

花园 GARDEN

园中有家，家中有院

用心打造的花园里总有发现不完的美丽和故事。园主夫妇半辈子奔波忙碌，回归花园生活方式的他们想要尽可能多地与自然亲近，携手坐看云卷云舒，淡云流水觅安宁。

地点：上海佘山

面积：600平方米

风格：自然风格

主案设计师：张健、伍琨

设计/施工单位：苑筑景观（OneGarden）

俯瞰阳光草坪

园主是一位非常喜爱亲近自然生活的人，即使在工作出差中也常常选择下榻有院有景的民宿，享受工作中片刻的宁静与放松。由于以前工作繁忙，自家的花园别墅一直没有长住，荒闲着，这次园主和先生计划重新打理别墅的家，为自己打造一个自然舒适的梦中花园，为回归别墅花园生活做铺垫。

整个花园占地 600m^2，环绕建筑展开，南院入户区域保持整洁、开阔的入户仪式感和绿意的氛围。进入花园的主动线是沿着较开阔的东面花园设置的园路，与汀步两旁次第展开的丛生植物，连接北花园的自然水系和户外休闲区，最后由近建筑的观园动线和环草坪的游园动线到达西花园坡地景观和自然过渡的隐藏菜地。"自然"和"亲近"是贯穿始终的花园设计主线。

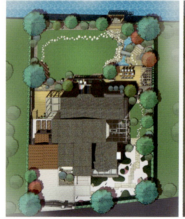 

花园设计图

吧台廊架

园在身边 室内外的互动

北花园是花园的核心区域，占据花园面积的三分之二。原本室内与花园有五步台阶的高度落差，由室内过渡到花园的亲近感与方便度大打折扣，因此拉近室内生活与花园的距离是设计中必须考虑的重点。环绕建筑区域被设计为抬高的木平台，贯穿整个北面建筑，这样能方便出户和行走，并扩充较宽区域设置休闲区布置沙发，让室内生活与户外体验无缝衔接。同时考虑到北面近建筑区域处于建筑阴影下，冬季园主有晒晒太阳的需要，就在南北贯穿的东面花园开阔处设置可供户外就餐的亲水平台与操作吧台。

操作吧台被设计成清新的"解忧杂货铺"风格，深得园主欢心，被园主先生笑称这里是家中的爱心早餐铺。早晨在"早餐铺"前用餐，体验花园和自然，自由的心情是在室内无法比拟的，一家人美好的一天也从花园里开始。不同的季节对应不同的需求在花园里都能找到合适的位置，安放不同的心境，或静静地发呆，或与家人共餐分享。

抬高木平台的西侧花园草坪与木栈道的落差，设计师舍弃台阶的处理方式，改为坡地景观，让植物与绿地顺着坡地延伸到栈道边。通过原石台阶过渡到草坪，丰富花园的自然形式，也增添一份游园的趣味。

花园夜景

圆形装饰座凳

自然溪水 天性里的亲近

为丰富花园里的亲和感与自然氛围,设计师将原本平整的地面挖掘出一条自然的溪流。将挖出的土方堆高,打造地势,在高地设置溪流源头,隐藏于植物中。用自然的龟纹石进行溪流的收边,水流自然曲延,成为让花园充满生机的"动景"。

溪流直接延伸到户外就餐区木平台下的三分一处,形成的隐藏水域成为鱼儿"乘凉遮阳"之所,而人在休闲平台处还能与水里的鱼儿互动喂食。水上的原石汀步与木质平台的结合提供了良好的清水嬉戏环境。溪流的端点处是精心设计的一处圆形休闲坐凳,惠风和畅的午后在此处品壶茶,读一本书,人在景中,景由人生。

天井茶室花园

禅意的水景装置

设计资材汇总

特色材质：芬兰木、黄木纹板岩、锈石石条、水洗石粒、老龟纹石

特色植物：棕榈、变叶女贞、锦带花、绣球花、火星花、小丑火棘、墨西哥鼠尾草等

天井花园 禅意茶空间

东面负一楼天井是园主为爱喝茶的先生考虑保留的一处可以静处品茗的小天地。设计师将此处设计成较为禅意的氛围空间，立面用竹垣做里围合以保持空间的纯粹感，小景配以置石、惊鹿，植以适合的植物，营造出可冥想独处的个性空间。

竣工的花园里，倔强的"钢铁鸭"在溪水间逆流而上，草丛中公鸡正在观望，树桩边红陶小兔在比赛……园主和先生满意地称赞这里就是他们的梦中花园。"园中有家，家中有院，四季轮转，家人常伴左右。你我执手在家，就是看不厌的天涯海角。"

花园来客 WILDLIFE

漆姑草

文／图·锈孩子

　　做过一梦：参加盆景赛，各种折腾——修剪缠绑、做舍利枝、提根等等，却怎么都看不顺眼。眼见截止时间将至，绝望得一咬牙，全盘放弃，干脆拔了棵花盆里细小的野草"漆姑草"塞核桃壳里，权当参赛作品。

　　梦醒时分，敷衍之作在梦境里得奖与否不得而知，也并不关心。让我好奇的是，何以漆姑草托梦"上位"？是因为对花盆里的它们格外地多看了

许多眼吧。

　　江南冬末,在入室休眠的盆花土表,漆姑草已绿成一小块毛绒绒的板寸头,叶若一根根小短针,纤细而治愈。它们的成熟株很小巧,我花盆里最壮实的也就10cm高。深春至夏,漆姑草枝头开出一朵一朵小小的白花儿,小到五片花瓣还不及花萼片大。可再小也有属于花朵的烂漫,虽非花园里的主流闺秀,却别有一种野性的朝气。在漆姑草林林总总的别称中,我认为有三个最为贴切:"地松",形象地点出其叶形与株形;"珍珠草",暗示出花开的模样;"瓜槌草",见出果实的造型。石竹科漆姑草属在中国的四个种里,目前我只见过被老天爷塞我花盆里的这一种。在小区周边的砖缝甚至台阶连接处的水泥裂隙处,都能滋长出一丛丛低矮碧绿皮实的它们。

　　我最爱的一株漆姑草曾野生在微型的绿色小铁桶里。本来这盆是叶插小型多肉的地盘,不知何时钻出漆姑草的一丝儿没有存在感的绿。在仲春的温暖里,它速生长大,另辟生存空间,探身盆外,和倾斜垂挂的小桶呼应成景,和谐得让花友以为是我刻意栽培的微型盆景。新生的胖乎乎"小肉肉"被抢了风头,我才不得不将漆姑草移出,却怎么舍得丢呢。最终将它和另外数种小型草本园艺植物组成一盆,又生成另一种美。

　　一年生的漆姑草是性凉的中药,身为花友的我从未探究过它的药效,只是对它的本土园艺利用十分上心。其实国外已有利用它代替草坪植物的景观运用案例,"爱尔兰珍珠草"就是它的同门"小姐妹"。

　　可惜我仅有阳台花园,若有庭院,一定在步道缝隙间播撒本土的野生小型耐踩踏的草本植物种子。而这份植物名单中定会有漆姑草。是时候让它从野生状态在花园里C位出道了。这样想着,目光再次落向盆中又一次野生而出的漆姑草。🌸

方寸之地的园艺乐趣

文/图·柏淼

花开有时，园艺的乐趣不在种花之地的大小，在于种花之人的心态，和感受四时的节奏。眼下春光短暂，我们都应珍惜当下。

我家有个小院，地方不大，谓之"方寸之地"，倒也不算夸张。还有一个同样不大的露台，除日常晾晒衣物等家用，边角处种了些植物。除此之外，便是围绕院墙的两个狭长的花坛，这些是我所有能拿来利用栽种植物的空间了。院子虽小，地方有限，零零散散种了些花，尽管不敢谓之是花园，却是我的园艺乐趣所在。

种植和摄影，是园艺生活不可或缺的两部分。我在这方寸之地种了不少喜欢的植物，看着它们经历春秋的风，冬夏的雨，一年年的变化。岁月经过的痕迹会在植物身上得到很好地留存，好比年轮之于树，新芽之于累果，一年又一年，见证四季的更迭。

小院的四季，随着植物的生长、开花、落叶等诸多状态有着不同的景象。很难说哪个季节是最美的，要说繁盛必是春天。"暮春三月，江南草长，杂花生树，群莺乱飞"，不敢和江南的庭院之春相比较，但是3月植物们萌芽生长，一派勃勃的生机，这景象倒真让我感到欣喜。

　　经历了寒冬，逐渐升高的温度召唤着球根的花期，3月是属于球根植物的舞台时间。郁金香、风信子、洋水仙熙熙攘攘地盛开，好不热闹。这些季节性的球根可以丛植，可以混种，拥有缤纷的色彩和各异的姿态，我相信每个园艺人的春天都会有球根植物的一席之地。我喜欢把不同的小球根和其他植物混种在一起，有时候搭配一二年生的草花，有时候选择宿根植物。花期过后直到自然枯萎，大部分还能在第二年第三年的春天如约盛开，既是季节的约定，也是年岁的往复。

　　在我眼里，春季必不可少的植物一定会有楼斗菜，它可真是春夏之交最有趣的植物之一，花期长又易于繁殖。要说最喜欢的品种，定会有白色"小柑橘"。它初开时是很温柔的奶白色，花瓣尖端绿绿的，带一点极浅淡的黄色。就像是春天停留的最温柔的一个吻，而那抹奶黄色则是晕染开的薄雾笼罩，直到完全盛放才会褪去。花瓣层层打开，宛若一朵朵精巧的睡莲呈现在你面前。

　　以前朋友们总是打趣说武汉只有两季——夏季和冬季。可我觉得春天虽短，但足够让我细细观赏春的模样。人间最美四月天，细雨点洒在花前。如果说3月的气温回升预示着拉开春天的序幕，那4月恰到好处又不多余的降水量则代表春天进入了最繁盛的时节。古人云"好雨知时节，当春乃发生"。4月晴晴雨雨，即使是湿漉漉的状态，植物们的花瓣依然质感十足。这个时节最耀眼的，莫过于花坛里的铁线莲和朱顶红了。

　　有"藤本皇后"美誉的铁线莲，终于在这个时节得以展现它的魅力。刚上大学的时候，我在花坛的角落靠着墙壁牵引了一株"美好回忆"上去。两三年过后，曾经的小苗如今出落得亭亭秀美，爬上墙壁，攀附到枇杷树的枝条上。天晴的日子，阳光透过粉白色的花瓣，每一朵花都在风中轻盈地招摇。花下还有朱顶红一支支地抽出，每一朵或单瓣或重瓣的大喇叭仿佛在说："你看，我在开花"。这种花茎笔直且花大规整的球

根植物不需要太多管理，就能回报以繁盛的容貌，着实让我着迷。

如果要说一年之中最热闹的时间段，我想一定是3月至5月。这三个月里，每天都被时间赋予神奇的魔法，不经意间花一下子就开满了。初冬种下的角堇在这个时节肆意地绽放。角堇的花期很长，见证郁金香的来来去去，陪伴荷包牡丹的盛衰，还能继续和耧斗菜并肩迎战初夏的高温。角堇的可塑性相当强，既可以单植做主角，也能和其他植物混栽，成为非常完美又合拍的配角。

衔接了春和夏的5月，带来了足够的温度和日照，而此时的植物们，每一株乃至每一片花瓣都是闪闪发光的状态。朱顶红和铁线莲迎来了第二批花，继续闪耀着它们的美。去年种下的藤本月季的牙签苗，经过一年的生长进入初露笑靥的姿态，和铁线莲的花期完美衔接。层层叠叠的花瓣，芬芳甜美的腔调，都能让我彻底忘记冬季绑扎它们时被刺伤的疼痛。

　　5月是温暖的、湿润的、热闹的。耳得之而为声，目遇之而成色。所见、所听、所闻皆是一片盎然景象。我想我整个5月份的快乐都源自这面月季花墙。三年前的冬天种下的极瘦弱的牙签苗，如今终于轰轰烈烈地绽放出春夏交替的风情，玫瑰的香氛萦绕四周，像是这个5月最甜美的日子。这算是我花得最值当的十元钱了，当年种下它起就在幻想花开满墙的日子，年复一年时间过去了，忽而今夏携花而开，不辜负这两年的等待。虽然我至今没有弄清楚它到底是'玛格丽特王妃'还是'欢笑格鲁吉亚'，但并不影响它成为我家乃至整个小区最美的一面墙（权当它是'玛格丽特王妃'吧）。

　　这面墙上的月季不止一种，最先开花的'安吉拉'结束以后，接着就是'王妃'登场，'王妃'退场，'真宙斯'紧随其后，衔接紧密。今年还新增了一个浅粉色多季开花的小包子，颜色花形都是一等一的美，但是名字过于复杂，我也没能记住。

5月不只是热闹，更多的是色彩和气味的双重表演。百合、鼠尾草、忍冬、百子莲、月季、绣球纷纷大展身手，带来色香俱全的盛宴。而樱桃和蓝莓在这个时候带来了香甜多汁的味蕾感受。露台上有一小片百合，从曾经的几个球到如今三四十球，年复一年地盛开、壮大。盛花时节，我坐在院子里，风夹带着百合浓郁的香气而来，很是招摇。

其实在小小的院子和露台上种过的植物远不止这么多，这几年持续在做减法，很多品种已经淘汰，剩下的品类里既有几块钱买到的小植物，也有大几百元买回来的贵货。虽然价格差异大，但在我眼里它们一样都是我的心头好。无论是无名的小花，还是备受欢迎的网红植物，总会在每年的5月，璀璨生光。

邻居家也有一整墙火红的月季，已经爬上了二楼。我在一楼的院子里抬头看，邻居家的阳台上那一抹正红色的藤月热闹非凡，让我想起卞之琳的那句小诗：

"你站在桥上看风景，看风景的人在楼上看你。明月装饰了你的窗子，你装饰了别人的梦"。🌸

园丁日历 GARDEN MEMO

花事提醒

文·晚季老师　图·玛格丽特-颜

春暖花开，花园里四项工作需要园丁们落实到位。

一、施肥

1. 气温升高，植物生长迅速。喜肥的百合、大丽花要定期追肥，大丽花喜重肥，由淡到浓，一周左右追施一次。矮牵牛、玛格丽特等花期长花量大的植物，每次浇水加入适量的液体肥，有助于植物的生长开花。
2. 复花性较好的球根植物如葡萄风信子、洋水仙、小苍兰、酢浆草等，花后要追施以钾为主的肥料，促进球根的生长复壮。浅植的朱顶红花期结束后，可在盆土表面覆盖一层肥土，有助于花后养球。
3. 铁筷子在生长期需要持续供肥，仅花期前追施一两次速效肥达不到催花效果。花期结束后追施缓释肥，或者半月左右一次水溶肥有利于铁筷子的生长开花。
4. 波斯菊不喜肥，金光菊和松果菊对肥料要求不明显，不必过度施肥。

葡萄风信子等复花的球根，花后追施钾肥，促进球根复壮。

铁筷子花期结束追施缓释肥。

二、修剪扦插

1. 蜡梅、梅花短枝条上开花量大，当枝条生长到 20cm 左右的时候，对枝条进行掐头，促发短枝，增加花量。
2. 宿根福禄考春季会发出很多茎秆，盆栽只保留健壮茎秆三至五根，其余拔除。拔出来的细枝可以进行扦插，迅速生根。南方长时间种植宿根福禄考，植株容易染病，抗性变差，通过扦插更新植株，可以克服这一缺点。
3. 和大花绣球一样，溲疏当年生的新枝条不开花，花朵在前一年老枝条上开放。溲疏修剪要在花后进行，从根部剪除开过花的老枝条和一些细弱枝，促发健壮新枝，这些健壮新枝就是下一年的开花枝条。成熟的溲疏枝条内部空心，不适宜扦插。扦插溲疏应选取尚未空心的嫩头部分，容易生根成活。

溲疏的修剪要在花后进行。

铁线莲选取半木质化的枝条扦插。

春季适合扦插菊花。

根据需要给三角梅修剪整形。

4.春季适宜扦插菊花。菊花虽是宿根植物,但老株的活性已经变弱,影响开花。在春季选取健壮枝条打顶扦插很容易获得新苗,长寿花也是同理。有了健壮新苗后,将旧的根系丢弃。

5.铁线莲中的早花大花二类铁,花期过后及时修剪残花,此时铁线莲的枝条活性最强,选取半木质化枝条进行扦插,最容易生根。

6.适宜在春季整形的还有三角梅,三角梅枝条生长旺盛,可以根据需要进行修剪。

三、病虫害防治

1.暖冬蚜虫出现得比较早,少量蚜虫尽量不打药,严重危害植株的用吡虫啉喷杀。

2.植株在高温干旱不通风的环境下容易出现红蜘蛛。红蜘蛛以预防为主,多向植株叶面包括叶背面喷水,可减少红蜘蛛的侵害。

3.铁线莲在春季容易有潜叶蝇和锈病,注意观察,尽早用药。

四、播种

百日草、千日红、向日葵、繁星花、香彩雀等都适宜在春天播种。播种前要了解种子发芽特点,比如发芽时的温度、发芽天数,以及是否需要覆盖避光等。

蚜虫

百日草可以在这个季节播种。

FLEUR CRÉATIF
创意花艺

扫码购买

20 年专业欧洲花艺杂志
欧洲发行量最大， 引领欧洲花艺潮流
顶尖级**花艺大咖齐聚**
研究欧美的**插花设计趋势**
呈现不容错过的精彩花艺教学内容

6 本/套 | **2019** | 原版英文价格 ~~620 元/套~~
中文版价格 348 元/套

植物 PLANTS

风车茉莉,童话花墙

文/图·玛格丽特-颜

辣妈家风车茉莉和铁线莲搭配的拱门

如果想在花园里种一棵爬藤植物，风车茉莉必须在你的备选清单上。它爬藤速度快，终年常绿，从 5 月开始，带着满园沁香的白色小花花期特别长。你想做任何造型，风车茉莉都能满足你的愿望。

AKK 家的风车茉莉墙

心妈家的风车茉莉墙

　　第一次被风车茉莉打动，是在上海 AKK 的花园。那是一个阴雨天，花园里的一棵风车茉莉爬满了整个墙面，从一楼开到二楼，又串到三楼的露台。满园子都是它迷人的沁香。

　　后来去苏州心妈的花园，一面开满风车茉莉的网格花墙彻底让我对它迷恋上了。原来络石也可以有这样的爬藤表现；原来它可以迅速成型，成为花园里最出彩的一面花墙。

　　心妈的风车茉莉其实是种在花盆里的，只一棵，才两年工夫就长成现在的状态。心妈特地为它设计了带绿色花磁砖的操作台，搜寻了很多参考资料，找工人为它安装了一面网格铁艺框架。风车茉莉也认真地生长，在主人的牵引下，一点点将网格爬满。春天的时候，盛开了白色的小花。

六叔家的风车茉莉棒棒糖

辣妈家铁艺楼梯旁的风车茉莉

苏州的六叔家,没有空间做花墙,于是风车茉莉便成了棒棒糖,在开满毛地黄的各色草花露台花坛里,规矩地在球形空间里开着花,依旧沁香。

风车茉莉生长得非常快,霞浦花沁石的辣妈买了几棵大苗,让它和铁线莲一起,拨给它拱门的空间。5月温煦的海风中,白色的风车茉莉花儿和紫色的线莲覆盖了整个拱门,成了这个角落最美的风景。她又种了一棵在铁艺楼梯旁边,因为肥料充足的关系,风车茉莉的小花很快便爬满了楼梯,不禁让主人担心它再长大是否还有足够的空间?

河马花园的风车茉莉种下时还是很小的苗,它果然需要时间,两年后才慢慢爬上木格网架。第一年没有爆发式地开花,木网格其实是被豌豆霸占着。风车茉莉小苗在低调地秣马厉兵,等待豌豆开花结果,到夏天被清除;等待铁线莲秋花开败,终于被修剪;等待春日暖阳的照拂,拼命生长,然后它冒出花苞,开满白色风车一样的小花,让整个花园为之惊叹。

沉得住气的风车茉莉其实是络石（*Trachelospermum jasminoides*）的一种,为夹竹桃科（Apocynaceae）络石属（*Trachelospermum*）的常绿藤本。因其白色的小花瓣旋扭着,特别像风车的模样,又有类似茉莉的浓香,遂被唤做"风车茉莉",也称万字茉莉、白花藤、石龙藤。

和其他夹竹桃科植物一样,风车茉

五彩络石　花叶络石　野生络石　黄金络石

莉也是有毒的,尤其是其汁液。如果误食,可能会出现恶心、呕吐症状,剂量大甚至会造成休克。摘叶子时,你会发现其枝杆受伤处渗出白色的乳汁,千万别碰,那是有毒的,碰触后皮肤会有灼烧感。

也正因为有毒,风车茉莉几乎没有病虫害。

风车茉莉的种植范围非常广,喜光,也耐半阴;喜温暖湿润的气候;耐热,在南方花期会更长;它相对耐寒,能够忍受0℃的低温,短期内-10℃的低温也能挨过去。在长江中下游地区完全可以户外过冬,不落叶。

风车茉莉生长得非常强健,对土壤要求不严。一般选择园土即可,加一些腐殖质或有机肥会长得更好。它抗干旱,忌水涝,夏季需要及时补水。花期在3~7月,若气候适宜,秋季可以复花。萌蘖力强,扦插与压条繁殖均易生根。盆栽、地栽、做花境、攀缘围篱,都可以轻松驾驭。

它的白色小花带有浓郁的甜香,让人愉悦。除了白色,风车茉莉也有园艺品种的粉色、黄色等,但国内园艺市场上比较少见。不过我还是更喜欢白色的风车茉莉,搭配深绿色的叶片,淡雅而清亮。

除了风车茉莉,花园里常见的络石品种还有很多,都是蔓生,但攀缘性数风车茉莉最佳。比如新叶粉色带斑点的五彩络石,叶片有银白色斑纹的花叶络石,黄金络石是亚洲络石的一个变种,黄、橙色的叶片镶嵌在绿、褐的老叶中,特别靓丽。不过很少见到这些络石开花。

植物 PLANTS

酸酸甜甜浆果「美莓」

文/图·玛格丽特-颜

在美味多汁的浆果界，蔷薇科贡献了很多惹人喜爱的品种，包括大家熟悉的草莓、树莓、黑莓。选取光线充足的地方种上几株，看着浆果渐渐成熟并采摘来品尝，这份喜悦会让花园的美好从味蕾升华到心灵。

如果不怕刺，
还可以摘到覆盆子，
像小珊瑚珠攒成的小球，
又酸又甜，
色味都比桑葚要好得远。

——鲁迅

树莓

黑莓

树莓和黑莓

小时候读鲁迅的《从百草园到三味书屋》，记忆最深的便是书中提到的"覆盆子"。偶尔在野外也会遇到，在带着刺的细软枝条间突然发现一粒红色貌似成熟的覆盆子，即便冒着入口会酸的危险，依旧想方设法采到。想着鲁迅先生笔下的形容，舌尖上的滋味自然美妙起来。

有了花园以后，心心念念种一棵覆盆子，当时买到的苗其实是黑莓。相对来说，黑莓结果量较大，成熟的果子呈黑紫色，果皮光滑，很像熟透的桑葚，果实却极酸。起初以为是院子里光照不够才导致酸，后来明白覆盆子一类的浆果本来就偏酸，很少拿来直接食用。做果酱或做烘焙的配料，才是正确的食用方式。

覆盆子（学名 *Rubus idaeus*）有很多别名，树莓只是其中的称谓之一，它属于蔷薇科悬钩子属（*Rubus*）的木本植物。野生品种有很多，在不同地区有不同的称呼，俗称一般为"xx泡（xx藨）""xx莓"等，花朵均为白色五瓣，大小不一，基本不具备观赏效果。成熟后果实有红色的、黑色的，反而更显得出彩。如果喜好酸甜口感，栽种一棵树莓是极好的选择。

树莓不仅富含营养价值，还具有保健功效。它的SOD（超氧化物歧化酶）含量居各种水果之首，能提高人体免疫力，具有美容、抗衰老的

红树莓秋萍：成熟株高1.5~1.8m，为双季红树莓，果大，较硬，甜度高。

黄树莓金秋：双季黄树莓，为红树莓的变种，成熟株高1.2~1.5m，适宜盆栽，不易倒伏，果子有香味，适宜鲜食和做果汁。

特效。它的天然抗致癌物质"鞣化酸"含量很高，含有的天然阿斯匹林"水杨酸"，具有镇痛、解热、抗血凝、减少心脑血管栓塞发生的功效。树莓也由此被称为"黄金水果"。

现在市场上也有园艺品种的红树莓鲜果在售卖，精装在小盒里，价格高昂，大概十几粒果子会卖到十几元钱。无奈树莓的鲜果特别不易保存，冷藏情况下，一两天鲜果就开始皱缩发霉。而且它的人工采摘成本高，需要手工一粒粒剥下成熟的鲜果。

我的河马花园里种了几棵树莓，秋天的时候每天能采上一小碗，冲洗一下直接吃，新鲜爽口，这种奢侈大概只有园丁能够享用到。这几棵树莓的品种很好，都是双季成熟的品种。夏天隔年的老枝条上会结果，当年新生的枝条则是秋季结果。甜度也比普通的树莓要高。红树莓"秋萍"成熟的果子为深红色，吃起来非常甜。另一种叫黄树莓"金秋"，成熟的果子为杏橙色，带着诱人的香味。

Tips

修剪：晚秋或早春萌芽前修剪，操作为将植株距离地面5cm以上的枝条全部剪掉，使其萌发新枝。结果后需要修剪结果枝，去除细弱枝条。5月上旬可对新枝条摘心，能促发更多的结果枝。一般长到20cm后可以再次摘心。春秋两季，采用先端压条繁殖和根蘖繁殖。

施肥：在秋末或冬季，施加有机肥。春季开始氮磷钾复合肥每半月一次。萌芽期、花前和果实膨大期浇水量充足能促使果实增大，提高品质。

树莓的种植与养护：

* 树莓属于多年生落叶小灌木，枝条垂软，带刺，需要适当支撑，不然容易倒伏。

* 树莓耐寒，相对耐旱，但不耐水湿，可粗放型管理。通风和光照对树莓很重要。

* 种植介质使用泥炭混合微生物有机肥、沙质壤土，或者透气性良好多腐殖质的黏质壤土。

草莓

花园里另一种颇受欢迎的浆果植物就是草莓，它属于蔷薇科草莓属草本植物，开白色花，也有少部分园艺培育的粉色和红色花品种，但结出的果实无一例外都比较酸。

相对来说，草莓在市场上更容易买到，价格便宜，从冬季开始大棚的草莓鲜果就上市了。不过花园里若能引种几棵外面不容易买到的园艺新品种草莓，还是能提升园丁幸福感的。草莓生长迅速，养护简单，适合盆栽，阳台族也可以无负担入手。

草莓的种植与养护：

* 草莓喜欢冷凉气候，避免高温期种植，土壤里不要放太多底肥。
* 建议用加仑盆种植，让果实垂下来，避免接触到土壤。
* 草莓不耐涝，要求土壤有良好的通透性。
* 种植时注意不要把草莓的生长点（叶心）埋住。
* 草莓喜光怕高温，秋冬春季充足阳光，夏季要适当遮阴。
* 薄肥勤施。在草莓长出四到五片叶子后开始施肥，建议开花前施用高磷促花肥或者壮苗肥，发现有花芽伸出就要施用高磷钾肥和微量元素肥。果实膨大期，选用促进糖分积累的高钾肥会让果实更大口感更佳。
* 学会给草莓疏花很重要，一般顶花序上保留2~3个果，侧花序上保留1~2个果，及时摘除老叶、病叶。
* 草莓的病虫害多发生在高温时期，而这段时间草莓是不结果的，可以放心用药。

草莓 – 桃熏

花园里种的草莓

避免草莓果实沾到泥土

园艺生活 GARDENING LIFE

密蒙花染明艳春

文/图·啊鹏

密蒙花一到春天悄然吐蕊，不与名花斗奇，清浅小花并无惊艳，却聚得枝头团团簇簇，缀得满树高高大大。细碎花间，朵朵芬芳，甘怡沁脾。化身于一汪金色池塘，载一碗金色香饭，挂一方金色丝帕，奉一盏金色香茶，留一阕金色春光。

答王黄门寄密蒙花
（宋）毕士安

多病眼昏书懒寄，
烦君远寄密蒙花。
愁无内史兼词翰，
为写真方到海涯。

　　密蒙花，马钱科醉鱼草属灌木植物，是密蒙树的花序或花蕾。李时珍曰："其花繁密蒙茸如簇锦，故名密蒙花。"密蒙花也有不少别名，比如疙瘩皮树花、黄花树、鸡骨头花、蒙花树、米汤花、小锦花、羊耳朵……而它的小名最为人耳熟能详——染饭花。民间有用密蒙花染饭的习俗，尤其是少数民族，故"染饭花"声名远播。

　　密蒙花在我城市生活的记忆里是空白的。到云南之后的前几年，在院子里折腾的花花草草也沾惹着脱不掉的城市印迹，明显的摆设习气。随着日复一日地在泥土里打滚，与草木耳鬓厮磨，渐渐地院子里的草木气息越来越村野，自己的心也越来越向往村野。赶集逛菜市是我喜爱做的事情，尤其热衷于探寻节令食材，和老乡攀谈看看他们又带来了什么山货。人生第一束密蒙花和染饭配方就结缘于乡胞那里。

　　从丽江到大理直接搬到半山，后面就是苍山，常常爬山去寻觅野生植物。密蒙花开的季节，老远飘来阵阵浓郁的甜美香气，那就是它。走近去看，总是有几株高大的密蒙树耸立在山间，须掂着脚尖使出点轻功才能够得着头上的高枝，小心翼翼折几枝花儿，黄

金一般揣着回家染一次黄金饭。

院子里每年都会自顾自地长出一些从没出现过的植物。后来竟然钻出一棵小树，居然是密蒙。它慢慢长成一棵大树，是风儿、蝶儿、鸟儿送来了大山的礼物，直叫人受宠若惊。它开花结籽随风飘散，于是院子里又多了几棵小密蒙，眼看着以飞快的速度即将长成大树。

早春时节，熟悉的香气一飘，这是密蒙花在召唤。我就在院子里登着梯子摘花、染饭、染布、做茶、做纯露……和天外飞仙共度一片明艳春光。

密蒙花煎汤色黄明艳，云南人干脆称其为"黄粑粑花"。在傣语里称"萝凡"，傣家人常用其做糯米饭"毫楞"的染色材料。而在广西的很多地方，少数民族春天用密蒙花染饭的习俗也广为流传。

农历三月初三，云南、贵州、广西、福建、浙江等地区的少数民都要做"五色饭"，饭中的五颜六色全靠天然植物萃取色泽。其中，黄色的米饭就是用密蒙花染色的。春天里，满院子蜂蜜一般的花香弥漫，甜蜜浓郁，就晓得是密蒙花开了，做染饭的时节到了。

在网络发达的时代，生活在城里的人们也可以从网上方便地购得来自大山里的密蒙花，做一次染饭，将春天的明丽香艳留驻舌尖。

密蒙花染饭做法

1. 采摘密蒙花一把，取鲜花或干燥的花皆可，稍加冲洗。
2. 锅中加水，以水没过密蒙花为准，煮约15分钟。
3. 多加些水亦无妨，只需延长煮花时间，出色更浓。
4. 待煮出浓黄色，即可捞出花，留水待用。
5. 将糯米放入黄色花水中浸泡一晚，第二日煮饭。
6. 大米可直接以适当的水量，加黄色花水煮饭。
7. 煮好盛出，一碗美艳又清香的染饭仿佛将春天从金灿灿的蜜罐里捞了出来。

密蒙花茶　　糖腌密蒙花

密蒙花纯露　　密蒙花染

密蒙花的其他用法

1. 往煮好的黄色花水里加入适量蜂蜜饮用，即为一款香甜的明目花茶。
2. 将捞出的花朵加入白糖或蜂蜜，稍微腌渍一晚，即可作为早餐的小佐食。
3. 密蒙花可做成纯露，外用内服皆可，具有养肝明目的功效。
4. 密蒙花水金黄的色泽可作为上好的天然纺织染料，漂染巾帕、布帛等，染后效果艳丽明亮，丝丝金缕。

密蒙花的养生功效

除了清秀芳香之外，密蒙花的功效也不容小觑。《本草经疏》言其"甘以补血，寒以除热，肝血足而诸证无不愈矣。"密蒙花其性甘、微寒、归肝经。虚翳青盲，服之效速。常饮密蒙花茶、密蒙花纯露亦可清热润燥，养肝明目。

园艺生活 GARDENING LIFE

邂逅法式慵懒时光

慵懒的一天，给所有向往法兰西的女人一个梦幻的高光时刻。

花材：黄杨叶 3 支、尾穗苋 3 支、芍药 7 支、珍珠梅叶 3 支、福禄考 4 支、大阿米芹 4 支

步骤：

1. 在花器里放入花泥，插入两支芍药，面向前方，高度不一。
2. 陆续加入剩余芍药，通过纤细柔软的流线，勾勒作品造型。
3. 在芍药花周围插入紫色的福禄考，加深作品层次，增添浪漫气息。
4. 向花泥间隙插入黄杨叶，填充空间。
5. 继续加入材质不同的珍珠梅叶，为作品增添绿意。
6. 最后往作品底部插入梦幻的大阿米芹和充满乡间野趣的尾穗苋，尾穗苋垂落的自然姿态为作品更添法式慵懒气息，作品完成。

作品配色

花艺师介绍　曹雪

80后"时尚派"花艺设计师、花田小憩－植物美学生活平台创始人、美国花艺学院认证教授、国内众多先锋派花艺师的导师、众多明星名人婚礼派对和宴会活动的设计者，被誉为"当代花艺界的魔术师"。

初夏的思念

深色的器皿恰恰如滋养万物的大地，重现不同花材的自然姿态。颜色各异的花承载着春天的喜悦，随着时间的流转逐一绽放，飘散的花香定以唤醒关于温暖初夏的思念。

—— 作品配色 ——

花材：帝王花1支、铁线莲1支、木绣球4支、尤加利2支、鼠尾草6支、丁香2支、蝴蝶兰3支

步骤：

1. 在花器的选择上，应保持器皿与花材的协调搭配。气质深沉、淡雅、质朴的花器与花枝搭配会显得更加稳重。
2. 在修剪帝王花时，须配合作品所需的长度进行45°斜切，剪成刚好可以置于器皿中的长度，彰显帝王花自然大方的形态。
3. 在插花前，确定花材与容器间的适宜比例，再行插入帝王花，确保主花材高于容器口3~4cm，以便于其他花材的插制与构图。
4. 紫色的花材能产生强烈的对比效果，并给人以温馨、浪漫的感受。在作品两端各插制一支素雅的丁香，表现出流畅的线条美会令作品整体更具层次感。
5. 在进行下一步作品架构时，在帝王花两侧插入辅助性的木绣球和鼠尾草，逐步丰满和完善花艺造型。两种花材进行搭配时，需要和丁香相互协调，错落有致，保持视觉的舒适感。
6. 最后在帝王花的两侧补入铁线莲、蝴蝶兰和尤加利，作品完成。

 Tips

1. 作品中多种花材的插制丰满了视觉，将盛然的姿态完全呈现出来。均衡的花材搭配比例直接影响到视觉舒适感，令作品焕发初夏的随意之感。
2. 帝王花代表旺盛而顽强的生命力，并象征胜利、圆满与吉祥，帝王花也是南非共和国的国花。
3. 丁香花享有"天国之花"的光荣称号，其花色清香淡雅，故庭园广为栽培供观赏。
4. 铁线莲象征高洁、美丽的心，花期从早春持续到晚秋，有芳香气味，可作为展览使用。
5. 尤加利的花语为恩赐与回忆，它的气味清凉幽淡，具有较高的药用价值和观赏性。
6. 木绣球代表浪漫和美满，以及两情相悦的永恒，其花质地柔软。
7. 蝴蝶兰象征飞来的幸福，原产于亚热带雨林，素有洋王王后之称。
8. 鼠尾草寓意光明磊落，原产于欧洲南部与地中海沿岸地区，花形饱满，富有动势。

园艺生活 GARDENING LIFE

挑叶担花我独醉

文/图·许晓瑛（沁芳亭）

金奖作品《沁人心脾》

第三名作品《纪念嬉皮士》

作品《我的后花园》

押花是一门艺术，更是一种情怀。一花一叶一念间，生命悟道了然于胸。因为押花，我比他人更加留意植物的存在，细致入微地观察一草一木。我将押好的花拼凑在一起，此刻我感到我是在拼凑美丽的心世界。

有人说，我是一个令人费解的人，放着正处于稳步爬升态势的工作不做，偏要急流勇退闯入毫不相干的领域。有人怀疑我的思路，花费如此之久的时间用心钻研押花艺术，颗粒无收却依旧热情满满。对此我都笑而不语，不求别人能够理解我的心思。

早些年的时候，从一粒种子到开花结籽，我陪着花儿一起成长。花儿给我带来从未有过的安然踏实之感，过去工作中夹杂的浮躁一洗而空。我渐渐习惯了简单而充实的日子，于我而言，每天都是草长莺飞四月天。

叩开我对押花艺术认知的大门，缘于一位设计师朋友所赠的押花贺卡。从此我对押花的喜爱一发不可收拾。为了创作，在旅居英国的日子里我跑遍了英伦的乡野、各类画廊以及博物馆，汲取创作的灵感。我对一草一木情有独钟，走到哪里都是带着押花工具就地压制花材。押花艺术在我的心中留下难以磨灭的烙印，以至于散步、逛街我都下意识地寻觅适合押花的植物，许多珍奇的花材就是这么得来的。

我不太喜欢制作一些小作品,比如贺卡、蜡烛、杯子等。虽然这类作品简单易学,可以给人带来新鲜感,更贴近于生活,但它们的艺术生命实在太短暂,保色期大约只有3~6个月,就好似威尼斯画派。不过倒非常适合初学者。押花不同的密封方式决定着作品的保鲜年限,而我致力创作的是能够有十年以上保色期的押花工艺画,油画和水彩画形式居多,所运用的密封方式和相关辅料极其繁琐。这也是一直以来我的作品价格居高不下的重要因素。

常年和植物相伴,脑子里浮现的画面也常和它们相关。我创作的作品之一《樱子的后花园》,其构思正是源于那段养花的日子,重现自己在花园忙碌的情景。与植物相处的这些年,虽长时间宅在家里,甚少出门应酬,但我并不觉得孤寂,追忆过往,惊喜和满足占据大半,这全要归功于押花给予我的精神支持。亲手种植的花开了,它却不曾凋谢,我把花儿定格在最美的瞬间,留在我的押花作品里。我的梦境也不再是模糊不清的转瞬即逝,我把梦押成画,恒久珍藏。

作品赏析

押花艺术工艺画《醒》

使用材料： 原色植物押花花材（洋甘菊、铁线蕨、绣球、秋叶、野草、蕨类等）

规格： 55cm×45cm

制作工艺： 抽真空密封装裱

创作日期： 2020年2月

作品阐述： 儿时的年华在乡村度过，没有过多地研习琴棋书画，唯有一望无垠的乡野和一草一木伴随着我的童年，至今难忘。我们居住的村庄三面被水稻田包围，一面是山峦。春分以后，太阳出来得早，每天都被远近的鸡啼鸟鸣唤醒。上学路上，我喜欢在田埂间穿梭，明明十分钟的路程我却用30分钟才走到。清晨的水稻田倒影着蓝天白云，我在水云间流连忘返。太阳从对面的山头爬起，空气里弥漫着泥土和塘水的味道，还有青草的清香和野花儿的芬芳。

远山的雾气还没有散去，隐约可见三三两两的村落隐藏在林间。水稻的颜色是浅浅的绿色，田埂把水田隔成四方模样。近处不知名的小树也抽出了新绿，我在一块小土坡前发现大片白色的野花儿迎风飘扬，摇曳多姿，像白衣女子在春天的晨雾里舞蹈。天色渐渐发亮，大地慢慢苏醒，我拔腿往学校的方向跑去……这幕童年的情景时常会在我的记忆中浮现，仿佛梦境一般，美好，可亲。昨晚，我又做了这个梦，就想把它画下来，连同四处弥漫的野花香气，和初春时节童年乡村的乍暖还寒。

动手做做看

押花艺术在日常生活中经常用来解乏消遣，以作品《初春的角堇》为例，我们来做一个简单的押花作品。

材料和工具：

准备事先押好的植物——大小各异的角堇数朵、一段豌豆藤、牙签、剪刀、专用胶水、镊子、过塑膜、过塑机、彩色背景纸、纸框摆台

步骤：

1. 把背景纸装入纸框，先摆出大结构。
2. 在中间靠上方的位置摆上一朵大号角堇。
3. 在其左下方摆一朵角堇。
4. 在下方再摆一朵角堇。
5. 把枝条摆在右下方。
6. 在稍靠中间的位置摆上一朵小号角堇。
7. 在第一朵角堇花下方摆一段豌豆藤。
8. 接着摆一朵中号角堇。
9. 在底部放一些碎叶子。
10. 用专用胶水固定花材。
11. 取出过塑膜，覆盖在固定好花材的纸上。
12. 放入过塑机过塑，完成。

作者 许晓瑛

国际押花协会认证讲师（中国区域第五位），沁芳亭文化艺术工作室主理人、花且留住压花艺术俱乐部（公益组织）创始人。崇尚植物自然审美，坚持植物原始色彩。

2011 年，放慢脚步莳花弄草，把园艺视为放松和修行；
2016 年，无意间接触到押花艺术，开始全身心投入钻研押花艺术；
2018 年，作品《鹤舞莲》首次荣获美国费城国际花卉展押花比赛二等奖；
2019 年，作品《沁人心脾》荣获美国费城国际花卉展览押花比赛金奖，作品《纪念嬉皮士》荣获三等奖。

春日「萌」动力

春日繁花似锦，你方唱罢，我方登场。春天，倾其所有招式制造一幕幕梦境，白色的、紫色的、粉色的，如谜似幻，如痴如醉。

文·阿桑　摄影·纪菇凉
花艺造型·阿桑和南京春夏农场团队
场地支持·南京春夏农场、广西涠洲岛方岛

　　历经一个漫长的"假期",我们3月中旬陆续回到农场。回农场前,曾犹豫过是否要继续经营,是否要回家等一系列问题。回到农场后的第一时间,我跑到温室奇幻花园检查植物的受损情况,毕竟两个月的无人照管,做好了一定的心理准备,猜想着它们可能好多都没有活下来,甚至惨目忍睹。打开门的瞬间,眼泪止不住得往下流。圆锥绣球、进口欧洲月季、观赏草、高山杜鹃、绣线菊、黑眼苏珊、铁线莲、铁筷子它们都好好的,连长了一年都没长好的蓝羊茅也奇迹般地长大了,亲自育苗的香雪球和角堇成片地活了。年前离开农场返家前,给蓝雪花和木绣球上了草堆保温,现在来看也在不断往外冒芽。又一次感慨,我们人类太脆弱,枉来这一遭,至少也要坚强面对过风浪吧。

认真地问自己，心目中的农场应该是什么样子的？反复思考，得出一个结论：农场不该是一个只有工作的地方。农场这样的载体，最初的建立是想要满足人们在乡下郊野过上自给自足的小日子，生产的经济意义是后来发展中才加进去的。所以农场的本意首先是生活，是依附于四季时节流转下的真实生活。春夏农场召唤一群城市人决意回到农场生活，并不是那么轻巧顺利，有太多事情要学习。这次回归也算是一次全新的开始。先决定从自己浇水种花、种菜做饭干起。把厨房搬到餐吧区，想着做饭的时候可以让人看到户外的四季变化，这才是农场生活的样子。

围绕四季餐桌美学传递自然美愈的思路，我心痒地开了梨花厨房，猛地反应过来又到被植物追赶的春天了。给木屋门前的菜园子重新翻了土，不熟练，那就从混合搅拌土开始做起。前农场主种了四年的紫藤无人打理，一直没有开花，今年突然冒了不少，心里反倒觉着对不住它们。常常讲，不用过于关心植物，包括从施肥、土壤等角度。那些没有我们人为参与的自然界绽放得多绚丽，可以在大自然环境活下来的植物应该都无比坚强，它们适应过最艰难的时刻，每一次绽放都用尽全力。可到我这，至少该给它们施施肥、修修剪，让它们生得再绚烂些。

　　剪几枝花,权当记住这一季的美,来年请开得更绚烂些吧。撑一枝长蒿,光起脚丫,轻盈地踱进 4 月紫色的梦。好好享受这一年又一年的四季时节,继续被四季追赶着。我愿意。

梨花厨房

　　修剪下三五支梨花，七八支带叶子的枝条，先用叶子枝条打框架，注意根据每根枝条的弯曲度做造型，结合窗外景色，不要遮挡主要视线，使得室内景色有所延伸。借用外界物质做支撑，例如花泥、石头、容器（木框、花盆、篮子等）。带叶枝条插入后，加入带梨花枝条点缀即可。最后陈列桌椅，整体调整，注意把握色调的统一。梨花花色纯净，适宜搭配白色或木色等无色元素，凸现梨花白绿色的柔美。布置手法参照四季餐桌美学空间提倡的"四四一一"方法，即首先确定与主题契合的视觉空间，这部分占40%重要性；其次确定与主题契合的色彩搭配，这部分同样占40%重要性；完成以上两项，已占比70%~80%，即我们常说的好看、舒服等感性认知，剩余20%则分别来源于餐桌装饰物及餐食的布置。这才是场景布置的正确顺序，我们常常反过来思考，先过度关注细节上的"一一"，但即使做到满分，也只是占比20%，离整体的空间美还差很长一段距离。以此逻辑如法炮制，可以分别将花材替换成紫藤和晚樱，布置出柔和的紫色系和粉色系花艺场景。

女性的力量不可小觑,在很多重要领域女性都发挥着不可或缺的作用,园林景观设计便是其一。今天我们要去拜访两位蜚声世界的女性花园设计师和滋养她们成长的花园。

花园因女性而精彩
——杰出的女性花园设计师

文/图·蔡丸子

米恩的花园

荷兰: Mien Ruys Gardens
——景观设计大师米恩·鲁斯的花园

米恩·鲁斯（Mien Ruys），20世纪最重要的景观设计师之一，她的花园位于荷兰北部，从1924年至今一直生机勃勃地生长着。她的花园很大，分成30个鼓舞人心的花园，米恩医生在此进行设计、种植和材料实验——花园是米恩·鲁斯的一生。

米恩19岁起就帮助在苗圃工作的父母劳作，当时的她对植物还没什么兴趣，更关注植物在花园和景观中的应用。她先是去柏林学习了一段时间，后又在英格兰实习，之后为了获取经验，在父母的菜园中尝试种植各种植物。她把自己喜欢的植物都种在池塘周围和树下，一年后，植物所剩无几，她只好从改善土壤做起。

20世纪30年代，她学习建筑多年，将景观的设计与建筑紧密联系在一起。米恩内心专注"简洁明了"的设计信条。所以她的花园一直在空间上采用简单实用的布局，并辅以宽松自然的植物种植。米恩·鲁斯关注多年生植物，认为这是很适合私家花园体验自然的一种方式。1950年她与出版商Theo Moussault结婚。在他的建议下，米恩创办了《Onze Eigen Tuin》杂志，其中她提出关于花园在现代城市社会中的作用的想法，杂志的创刊号于1955年出版。

米恩25000平方米的花园是一座

绿色的纪念碑，它代表着这位优雅的女性的创造力和无限热情。花园就是她的生活实验室，从一开始，她对植物、材料和设计进行试验，她觉得这非常重要。为了获得苗圃种植的经验，她在父母的果园和菜园里尝试用耐晒和喜阴的植物。20世纪60年代，她大量运用铁轨枕木在花园中铺设步道和水池踏步等，人们甚至把她称作"枕木米恩（Bielzen Mien）"。

米恩·鲁斯1999年在Dedemsvaart逝世，享年94岁。她去世后，这座70年历史的花园被列入荷兰古迹，现在花园由一系列30个风格的花园组成。这些花园根据新旧花园的理念进行布局，并种植协调的植物组合，成为花园爱好者及景观设计师的灵感之源。

这里有日晷花园、水景园、沼泽花园、造型绿篱园、下沉式花园等等，每一座花园都让人回味无穷。尽管米恩·鲁斯的花园主要致力于实验和创新，但并非一切都会改变，一些经典的测试花园依然得到很好的维护和保养，毕竟它们是构成历史的美丽基础。这里的很多座花园设计具有自身的永恒价值，它们在欧洲是独一无二的，因此也在文化历史上具有不可估量的价值。

这座花园所在的地区在荷兰并非热门的旅游目的地，但花园依旧对那些了解园艺的游客开放。此外，通过出版物、参观、讲座、课程和主题日等活动，人们还可以来这里获取有关设计、种植和维护的丰富知识。

地址：Moerheimstraat 84 7701CG Dedemsvaart, Holland
官网：http://www.tuinenmienruys.nl/nl/

草木绿色的门窗是 Dina 花园的标志。

比利时：Dina Deferme
——在花园中疗愈重生

  Dina 是比利时著名的花园设计师，她的私家花园在比利时的林堡省，曾经被评选为法兰德斯最美花园（法兰德斯是指比利时北部讲荷兰语的地区）。

  Dina 曾经是一位普通的姑娘，30 年前的一场事故彻底改变了她的人生轨迹。因为在事故中被大火严重烧伤，尤其是面部，Dina 万念俱灰，每日以泪洗面。她和先生 Tony 买下了现在的居所，Dina 在病床上完成了这座花园的设计初稿，打算从此将自己关在花园中，不再见人、了此残生。

  花园几易其稿后，一天天建造起来，这个过程漫长而有意义，花园和花草逐渐疗愈了她的心情和思想。此后，她先后做了几十次手术才得以恢复到现在的模样。而在这个过程中，她也如凤凰涅槃，身心得到了重生。比利时的乡村从此诞生了一座美丽的花园，也成长出一位著名的花园设计师。近年来 Dina 设计出很多精彩的作品，不仅有私家花园，也设计过著名的花园餐厅。在花园逐渐丰满后，Dina 将花园对公众开放，门票所得收入除了维护花园正常运转，其他全部捐给一家烧伤基金会，用以帮助和她有过同样遭遇的病人。

一座美丽的花园无外乎在于合理和谐的布局、精彩适宜的植物配植。Dina的花园在这两处的表现非常突出，其中有一座黄色与蓝色的主题花园尤为惊艳，但最受客人欢迎的还是英式前庭。Dina非常偏爱英式风格花园的气质，前花园中种满了各式花草，各个季节都会有不同的花开。花园后的房屋门窗用的是草木绿色，并点缀了一些点睛的花环类装饰。而花草簇拥的中心则摆放着花园桌椅，桌子铺着印有橄榄枝的淡雅桌布，上面摆放着最当令的组合盆栽。三三两两在阳光下走动的客人们，毫无例外，都喜欢找机会在这里坐一小会儿，他们端着茶或咖啡，面露笑意，轻声闲聊，宛如在自己家的花园一般。在花园的一角，还有一座由谷仓改建的小咖啡吧，客人们可以在里面要杯咖啡，然后在花园里找个合适的地方坐下来。一切都因为这里给人以轻松浪漫的感觉，迷人而又简单，让人忍不住要坐下来，好好享受一番。

地址: Tuin Dina Deferme Tuin-landschapsarchitecte
Beuzestraat 64 Stokrooie (Hasselt) 3511 België
官网: http://www.deferme.be

乡村美学 VILLAGE

早春

万物可爱，何止花开

文/图·溪桥淡淡烟

比起绽放，其实我们更爱的是自然。
比起艰难，事实上我们更愿意为之付出。

"岁月没有磨掉你的棱角，芜杂不曾吞噬你的微笑。终有一日，当现实照亮梦想，三川四野山重水复，蓦然回首，才发觉我们终其一生寻之又觅的不过是故里旧居的繁花一树。"

四年前，写下这样的字句，与先生一起在他的出生地租下了几个被江南杂树环绕的小岛与其间纵横交错的河道。事实上就是乡下一大片被白色蔬菜大棚和水系包围着的荒野，所谓的河道浮萍密布，充斥着污泥浊水和恶臭。他说怀念江南水乡该有的模样，决意卸甲归田要为家乡打造一片净土。同为乡下人的我，欣然赞同。那些自少年到现在的岁月里，从一个人的日月交辉、流云暮光，到两个人的人间至味、灯火守望，乡村与静谧始终是心之所向。

田园开篇，意味着略过一万字的辛劳随后。拓荒、铺路、造桥、通水电，在原来老的宅基地上盖了一间木屋……为了那个东篱有诗、南山有酒，在心里一住便是一生的陶渊明，我们算是彻头彻尾地当了一回开发商。整座花园的设计师是我们，除了非得倚赖机器设备的工序，90%以上的工作量任由我们夫妇二人徒手造园。连同河道40余亩的地域，我们用最原始的农具花了两年半时间完成了一半的花园种植与建设，并清淤、疏浚、固堤、清理浮萍、打捞垃圾，还原了十余亩河道的自然生态。

也曾经历过想要敛尽世间芳华的狂热期，很快便恢复冷静，渐渐过渡为真正意义上的狂野却又克制的乡村自然花园。"人为"与"自然"这两个命题前，一个乡村花园的园丁一生的功课就是要了无痕迹地将一切人为因素尽可能地化归于自然。

乡村本野草木森，无花也美才至极。
于是，我把接力棒交给了大自然。

春　　夏

春生

比种子更早萌动的是园丁的心。但是拿锄头敲打在遍布建筑垃圾和泛滥成灾的水花生，且板结得比石头还坚硬的土壤上，如果你的心依然温热，那么就真正应了那句"梦想是要有的，万一实现了呢"。

相比挖个坑局部改良土壤，我更倾向于松好原土，表层覆盖 15~20cm 介质的全部改良。好处在于一来抑制杂草种子，二来后期拔草轻松，三则是最重要的——绝大部分植物都具有自播性，只是我们的介质不够松软，向来喜欢留一半种子在枝头的好处在于能收获自播。而下一个春天，园丁则再也无需做恼人的填空题，大自然会给你足够的惊喜，你需要做的仅仅是拔除不想要的，并及时根据株高调整这些自播植物在花境中的位置。这时的你会发现这些一年生夏必死，或者不耐寒的草花相比宿根植物的可爱之处了。以整座花园为调色板，宿根植物和灌木的位置一成不变，而这些会自播的精灵种子——落在它们想栖身之处，夹杂着轻柔的粉、蓝、紫、白……或者任何你觉得不违和的色彩，让你的花园四时有序，年年焕新颜。

夏野

去年夏日在连续遭遇了两次汛期的河水倒灌后，我写下了如下记述：

"性情孤傲的大自然仿佛天才艺术家，亦敌亦友，喜怒无常地上演无间道。

你不知道他明天到底是不是站在你的战线，还是已然成为敌军统率。

这位变幻莫测的魔法师，时常风花雪月，成为你园艺路上的神助攻，时而则君

秋

临城下裹挟着狂风骤雨洪水泛滥，随之而来的便是蔓生野草和虫害肆虐，无情无义令你猝不及防。

这一仗拉锯战，注定永无休止，而真正的园丁，应是意志坚定的斗士，围裙为战袍，铁锹作长矛，直面荒芜，成竹于胸，化腐朽为神奇……"

每一年的水漫花园，我都会见证大自然的神奇。即便遭遇创伤，大自然也会助你修复花园。那时的种荚已结好在枝头，那时的园丁也来得及撒上一些"普货"为王道的夏季型草花，花无贵贱，控制好色系，让它们续力开在秋季。对于村居乡野的园丁而言，种花已经不再意味着单纯的种花，是一笑置之的心境修行。

秋光

有时候记录日常便意味着少一个人帮忙。

扫落叶的不是秋风，是我们。还没有在夏季除不尽的疯狂野草中缓过来，铺天盖地的落叶覆盖了整座花园。当生活过于真实，你我是否依然能够热爱如初。

无论是叶形叶色多美的树，在我们心中似乎都抵不过这些原生态的落叶乔木。无尽落叶模式的季节，有时候会令人特别崩溃，但当你脚踩上去，咯吱咯吱的响声特别解压，一扫先前的焦虑。仿佛这是秋的温柔召唤，也是冬的就任宣誓。

每一个园丁的成长，都意味着心灵的升华，审美与搭配更上一个台阶，有时候常常也会自叹弗如，为什么做不出人家的高级感。

渐渐释怀在这些日常的乡村琐碎，作为一名纯粹的农妇兼园丁，从喜欢一朵娇艳的花渐渐到爱上并学会如何去欣赏一棵有灵的树，我暗自窃喜，也许终于不再是

冬

肤浅的那个自己。

事实上，仁者见仁智者见智的高级感可以住在每一个人的心里，不需要用钱去堆砌，于狼藉苟且之中也能绽放如花。

冬蕴

这是一年之中内敛沉稳和最宜自我审视的季节，也是我们相对最轻松的季节。枝头的种子早已成熟且落了一半，是时候从枝头收获了，可以分享给花友，可以自留备份。

从深秋到冬季甚至早春，我有足够的时间播种育苗。相比依靠购买花苗堆砌一个春天，大花园的播种育苗尤为重要，能够省却很大一笔开支，也更易于自己控制来年的花境色系。每一张新品种的标签，除了品名，同时要记得细致地写上株高和颜色。

蜗居乡野，真正的收获并不是切花自由的收割，也不是如数家珍的经验，更不是盆满钵满的爆花……而是且一定是对美的追求与感受的微妙变化，和心如平湖的收放自如。

四季的每一日，我都喜欢。

并非是现世纷扰，这独自偷欢的日子几多静好。而是人生有趣，有人想要陪我一起度过。

我从没有觉得拥有花园的自己更幸福，回想起从前的每一个平凡的日子同样都闪着幸福的微光。每个人的心田都可以成为一座秘密花园，幸福感是很多年前种下的一粒种子，经年累月，在只属于你的花园里发芽开花。🌼

邱园，一座"猎"来的绿色宝库

文·赵芳儿　图·玛格丽特—颜

邱园是英国皇家花园之一，它具有真正丰富而内涵的"心"。造就这颗"心"的背后，与前赴后继愿为植物搜集事业赴汤蹈火的植物猎人脱不开干系。

　　造访英国，我推荐你一定要去一趟位于伦敦的邱园（Kew Garden）。

　　邱园是英国皇家花园之一，它首先是一座美丽的花园。但是如果向朋友介绍邱园，你仅仅说"这园子很漂亮"，那就太可惜了。因为，你还没有真正走进她丰富而内涵的"心"——它是一座绿色宝库，是园艺爱好者心中的"圣堂"。

　　邱园始建于1759年，原本是英皇乔治三世的皇太后奥格斯汀公主（Augustene）一所私人皇家植物园。奥格斯汀公主在建造邱园时，憧憬"将全世界已知的植物"囊括于这座花园之中。如今她梦想成真，她对园艺的这一爱好，催使她曾经的私家花园成为如今世界各地众多花友的"朝圣"之地。

　　要详说邱园的内涵，几本书都说不完。听听2003年联合国教科文组织将邱园选为世界文化遗产的评词："邱园是18世纪到20世纪园林艺术发展

苏铁

最辉煌阶段的完美体现。现在植物园所拥有的极其丰富的有关植物学的收藏，经过了数个世纪的积淀。自从1759年建立起，邱园就不断为植物多样性和经济植物学研究做出杰出贡献。"由此可见，园林艺术、植物收藏和研究这两方面是世界认可邱园的最突出的贡献，也是邱园最引以为傲的。

在邱园各个显赫的身份中，令我最震撼的，是邱园"收藏狂人"这一身份。

邱园植物标本馆大约珍藏有700万份标本，代表着地球上近98%的属。邱园收集的活植物约40000个植物分类群代表，包含25000个不同种类，占世界总植物种类的10%，分布于邱园各类特色植物园中。经济植物收集约80000份，包括植物产品、相关的工具和文物；图书馆藏有超过75万件图书、期刊，以及20万份植物素描画和版画……

因为这些收藏，邱园变成了一座真正的绿色宝藏。它甚至改变了人类的发展历史，改变着人类对世界的认知。

一份份泛黄的标本，最"年长"的已经500多岁——一段枝、几片叶，一小段文字，夹在纸中间，简单而质朴。一棵棵悠闲生长着的植物，它们跋山涉水穿越地球，最终在这里落脚生根……但是，安安静静的标本背后，都是惊心动魄的故事，主人公有一个共同的名字——植物猎人。

植物猎人听起来并不为世人熟知，他们既非士兵，也非真正的猎人，只是一群为了收集植物而疯狂的人。与一般收藏家不同的是，植物猎人在收集植物的过程中，会遇到难以预料的艰难险阻，甚至生命危险。几个世纪以来，为了寻找新植物，将新植物的种子、标本甚至是活体带回欧洲，很多植物猎人客死他乡，丧生于寻求新植物的旅途中。

植物这种我们身边司空见惯的东西，在英国却成为人们冒着生命危险追逐的宝贝，为什么？

植物学家马克·弗拉纳根为我们解开了这个谜团——

因为特定的地理位置和气候条件，欧洲的原生植物种类极其贫乏，英国更是一座植物无法登陆的孤岛，当时其"原生"树木只剩下40余种。对比下面的数据，你就知道植物对于英国来说，是多么地稀缺和宝贝——世界上共有超过248000个植物种类记录在案，中国是32000种，印度21000种；大洋洲45000种；南美洲有165000种，整个欧洲至多不过12000种。

物以稀为贵，稀缺的植物资源成为全民追逐的对象。尤其是英国皇室成员、上层绅士对植物的追求狂热痴迷。18世纪下半叶至19世纪上半叶，在皇室的引领下，英国人收集世界各地植物的热情被前所未有的点燃。一批又一批船队载着探险家、植物学者驶向世界各个未知角落，为搜寻、带回新植物赴汤蹈火。

智利南洋杉

约瑟夫·班克斯（Joseph Banks）毫无疑问是影响这一风潮最深的人物。他被誉为"现代植物收集之父"，自1778年起一直担任英国皇家学会会长直至去世。邱园几乎是他所建立的。他曾几次航海远征，搜集了大量新奇植物。他不仅自己搜寻世界各地的植物，还派出许多"猎人"前往全球寻找新植物。大约有80种植物的名字是以他的名字命名的，比如班克木（Banksia integrifolia）。

班克斯的环球考察始于1768年，他和包括林奈的学生丹尼尔·索兰德（Daniel Solander）的七人"植物团"，随同詹姆斯·库克（James Cook）船长航海远征，先后到达了澳大利亚、新西兰，并在马德拉群岛和里约热内卢停泊，然后驶向火地岛。经过三年的航行，班克斯经历了疟疾肆虐、助手被冻死等想象不到的困难回到了英国，带回了3600种植物标本，其中1400种属于新发现的植物。差不多有800种物种被艺术家悉尼·帕金森（Sydney Parkinson）绘制成图并且放在了班克斯的《花谱》里。这套书在1980至1990年间出版了35卷。1771年，有14种班克斯带回的植物开始在英国种植。

班克斯最突出的影响还在于建议詹姆斯·爱德华·史密斯（James Edward Smith）购买收藏了瑞典博物学家卡尔·林奈（Carl Linnaeus）遗留下来的植物标本、手稿等珍贵的资料。林奈1778年去世后，他遗留下来的影响深远的专著《自然系统》和《植物种志》的原始手稿、文献等约1600册书、3000封信件，3198种昆虫和1564种贝壳标本，以及14000余件干燥的植物标本，一度面临无法完好保存的危险。在班克斯的建议下，史密斯购买并妥善保管这些珍贵的资料。不久之后，史密斯又创立了林奈学会（Linnean Society）……正是班克斯的建议，为英国提供了丰富的植物学原始资料，从而发展和完善了林奈创立的自然界分类系统。

受雇于邱园的植物学者弗朗西斯·马森（Francis Masson，1741~1805），是历史上诞生的第一名全职植物猎人。这位邱园前园艺师曾随英国船队前往南非、加那利群岛、

葡萄牙和北美洲等地，整个猎人生涯期间一共发现了超过 1700 个新植物品种。现在邱园的棕榈温室里，那棵资历最老的苏铁，就是他带到邱园的 500 株植物标本之一。但历尽千辛万苦，甚至坐过牢的他，终在 66 岁的圣诞节病死于荒凉的北美。

还有一名声名籍甚的植物猎人，他把大约 2000 种亚洲植物物种引入西方，其中有 60 种以他的名字命名，他就是欧内斯特·亨利·威尔逊（Ernest H. Wilson）。从 1899 至 1911 年，威尔逊深入中国西部，采集了 65000 多份植物标本，把将近 1600 种中国特有的植物移植到欧美，被称为是"第一个打开中国西部花园的人"。1929 年，威尔逊出版了书籍——《中国，园林的母亲》。他在书中写道：

"中国的确是园林的母亲，因为在一些国家中，我们的花园深深受益于她所具有的优质品位的植物，从早春开花的连翘、玉兰，到夏季绽放的牡丹、蔷薇，再到秋天傲霜的菊花；从现代月季的亲本、温室杜鹃、樱草，到食用的桃子、橘子、柚子和柠檬等，这些都是中国贡献给世界园林的丰富资源。事实上，美国或欧洲的园林中无不具备中国的代表植物，而且这些植物是乔木、灌木、草本、藤本行列中最好的……"自此，中国便以"世界园林之母"的称号驰名于世。

如今，那些曾派往世界各地搜集植物的轮船汽笛声已经远去，植物猎人们从世界各地"猎"来的这座绿色宝藏，静静地卧在泰晤士河边，它将在人类历史上永远闪耀着光辉。

作者 赵芳儿

本名印芳，植物学硕士，现为中国林业出版社图书策划编辑。

园艺和教育 PARENTING

从英国的苹果树说起

文/图·玛格丽特-颜

Grow like a tree, up to the sky, with their own unique style, full of life and strong energy.

希望我的孩子们长成一棵树，有独特的姿态，旺盛的生命力，且敬畏自然。

英国人相对传统，遵循着各种规则、礼节和秩序。下至酒店门童的着装、姿势，上至皇室出席不同的场合，着不同的裙子、帽子、鞋子、丝袜，都有一整套讲究。看英剧《唐顿庄园》，里面的管家和佣人亦是如此——如何摆盘搭配、上菜的顺序，不同的职位，不同的规则。在他们看来，这是一种姿态，是Manner（礼仪），是精致和尊重，也是自我的认可和坚持。一板一眼表现在他们的言语和仪态上，也表现在园艺上。

波顿花园里有一面苹果树墙，很多棵很大的苹果树依墙生长。每根枝条几乎都是平直地长在墙侧，任何多余的枝条和细枝都被砍了。大迪克斯花园里也有一棵苹果树，更加高大整齐。

2019年春天的英国花园游，让我有些大开眼界。大多数花园，只要有墙，墙边的植物无论是月季、紫藤、铁线莲、软枣猕猴挑这类爬藤植物，还是苹果树、无花果、加拿大紫荆等树木，都秩序井然地被牵引攀爬在墙上，规则得让人肃然起敬。

你可以看到墙上有固定的横条或者网格状的铁丝，在植物逐步长大的

过程中，趁着枝条还有弹性容易整形的时候，通过牵引、绑扎、修剪，让每一根枝条都按着既定的方向生长。

我想除了造型规整好看的考虑之外，另一方面，这样的造型大概也会让每根枝条都有充足的光照，开更多的花，结更多的果实。修剪整形的造型绿篱和绿植也是英国园艺的一大特征。

关于造型，国内的盆景园艺则是另一种表现。

其实最初的盆景来自于自然界，因山石嶙峋或生长环境特殊，植物长成的独特造型，它们有着更强的生命张力，嶙峋却不屈不挠。今年3月，邻居东篱草堂一棵枝条悬垂的造型樱花盆景惊艳到我了。恰好那天花园里还开着冷雾，仙气飘飘，那棵浅粉色盛开的樱花，姿态独特妖娆，犹如天外仙物，让我有"此景只应天上有，岂知身在妙高峰"之感。

说实话，美有很多种。这样形态的樱花树是美的，围墙上开满花的紫藤也是美的，欧月绕成拱门也是美的。但强以美为标准，让所有植物长成这样，或是为了能到市场上卖到更好的价格，以殀梅、病梅为业以求钱也，

便有问题了。

龚自珍在《病梅馆记》里写道："或曰：梅以曲为美，直则无姿；以欹为美，正则无景；梅以疏为美，密则无态。固也。此文人画士，心知其意，未可明诏大号，以绳天下之梅也；又不可以使天下之民，斫直，删密，锄正，以殀梅、病梅为业以求钱也。梅之欹、之疏、之曲，又非蠢蠢求钱之民，能以其智力为也。有以文人画士孤癖之隐，明告鬻梅者，斫其正，养其旁条，删其密，夭其稚枝，锄其直，遏其生气，以求重价，而江、浙之梅皆病。文人画士之祸之烈至此哉！"

苹果树及盆景的"遭遇"让我联想到现在的教育。让我们的孩子从小就"删其密，夭其稚枝，锄其直，遏其生气"，扼杀孩童的天性，去上各种补习班，去学英文、学高数，赶去参加各种考证。按着既定的套路教育，必须也只能有标准答案，这样才能一步步小升初、中考、高考进入大学。不管孩子的个性如何，都按着一个模子让他们成长。就像波顿花园的苹果树，每个枝条往何处生长，按着规则去牵引，所有不必要的侧枝都是多余，会被修剪砍掉，所有独特的思想都是错误的，不被允许的，否则你就答案错误，考不了高分。

我大概还是更喜欢自然状态下肆意生长的树。

深深地扎根土壤，枝条舒展，沐浴阳光，张扬着伸向蓝天。

骄傲的、独特的姿态，热情、旺盛的生命力，无拘无束、无限灿烂！

即使风吹雨打，却有着最自然的美，且敬畏自然。

我希望我的孩子们长成这样的树。

Great Dister 的无花果

厦门三角梅

摘录几年前所作小文《病梅馆新记》，此处的"梅"不是指梅树，而是三角梅。

三角梅乃厦门市花也，茵茵洒洒，遍城皆是。尤见道旁矮篱，整齐如墙，不想个中三两小花，或红或紫，鲜艳跃出，甚为惊奇，近观，乃三角梅也！呜呼！

又闻厦门植物园乃特色三角梅园一处，品种繁多，心向往之。不想入得园中，见各梅皆植于一釉陶小盆，或曲或欹，形态各异，虽个个骨节遒劲、苍劲有力，枝上亦花繁叶茂，却无一自然天成。呜呼！

更见培养园中，每株皆夹板捆绳，各种酷刑暴径，泣之，不忍观。所谓斫其正，养其旁条；扭其秆，蛇形逶迤；删其密，夭其稚枝，成所谓各种造型，以求重价。呜呼！

爱花之人种花，亦修其枝，控其水，使之花艳繁茂，如暖暖石头者；或牵其茎，引其枝，使之婀娜百姿，如微笑女王者。然如此为利而扭曲其固有形态，扼杀其自然本性，实乃爱花者所不齿也！

又及今之教育，学业繁重，日习夜作，但逢周末，亦不得有空，各种奥数、音乐、西文，孩童苦不堪言，家长亦怨声载道。孩童之天真活泼，无一不扼杀于懵懂之中。然不得不做，乃风气也！呜呼！叹之！

品牌合作 Brand Cooperation

海蒂的花园
专注家庭园艺,主营欧洲月季、铁线莲、天竺葵、绣球等花卉的生产和销售,同时提供花园设计、管理等服务。
地址: 海蒂的花园—成都市锦江区三圣乡东篱花木产业园
　　　海蒂和噜噜的花园—成都市双流区彭镇

北京和平之礼景观设计事务所
设计精致时尚个性化,造园匠心独运,打造生活与艺术兼顾的经典花园作品。
地址: 北京市通州区北苑 155 号
扫码关注微信公众号

东篱园艺
一朵花开的时间值得等待,一家用心的店值得关注
不止卖花还共享经验;一家不止有花的花苗店
花苗很壮店主很逗;卖的不止有花也有心情
扫码关注淘宝店铺

园丁集
买高端花园资材就上园丁集。
由国内外优秀的花园资材商共同打造的线下花园实景共享体验平台。
地址: 南京市雨花台区板桥弘阳装饰城管材堆场 1 号（6 号门旁）
电话: 13601461897 / 叶子　　扫码关注微信公众号

马洋亭下槭树园
彩叶槭树种苗专业供应商
扫码关注淘宝店铺

花信风
牧场新鲜牛粪完全有氧发酵,促进肥料吸收,抑制土传病害,改土效果极佳。淘宝搜索关键字"基质伴侣"即可。
扫码关注微信公众号

海明园艺
种花从小苗开始　过程更美
扫码关注淘宝店铺

常州市祝庄园艺有限公司
全自动化和智能化的生产与管理设备,国内最先进的花卉生产水平。每年有近 130 万盆（株）的各类高档观赏花卉从这里产出,远销全国各地。
扫码关注微信公众号

克拉香草
专业培育种植香草,目前在售有薰衣草、迷迭香、百里香、鼠尾草、薄荷等 100 多种,从闻香、食用、手作到花园,香草都是最美的选择。养香草植物请认准克拉香草。
扫码关注淘宝店铺　　微信公众号: 克拉香草、香草志

有园盆景园
盆景 — 用植物、山石、土、水等为材料经过艺术创作和园艺栽培集中地塑造大自然的优美景色,达到缩地成寸,小中见大的艺术效果。
地址: 成都市温江区万春镇生态大道踏水段 2096 号
电话: 13320992202 / 何江　　扫码关注微信公众号

嘉丁拿官方旗舰店
世界知名园林设备品牌德国嘉丁拿（GARDENA）致力于提供性能卓越一流的园艺设备和工具。
扫码关注淘宝店铺

上海华绽
为私家花园业主提供专业的花园智能灌溉系统解决方案
扫码关注微信公众号

【小虫草堂】
——中国食虫植物推广团队
国内最早、规模最大食虫植物全品类开发团队！拥有食虫植物品种资源 1000 余种（包含人工培育品种）。
官方网站: CHINESE-CP.COM　　扫码关注淘宝店铺

vipJr 青少年在线教育
600 多本绘本故事；明星老师上课；语数外每天学。
电话: 18861296926
扫码关注微信公众号